AF892103

Souci et Arnica

Avertissement : Les auteurs et l'éditeur ne sauraient être tenus pour responsables des conséquences éventuelles d'une mauvaise compréhension ou utilisation des conseils prodigués dans ce livre. Les informations contenues dans ce livre ne se substituent pas à un avis médical.

ISBN : 978-2-35981-140-7
ISSN : 1272-4025
Dépôt légal : septembre 2020

Éditions de Terran – 355, rue de la Montagne-Noire – 31750 Escalquens
Tél. : 05 81 91 31 31 – Courriel : terran@piktos.fr
Site Internet : www.terran.fr

LE COMPAGNON VÉGÉTAL # 23

Éliane Astier • Bernard Bertrand

Préface de Anniejeanne Sauvage

Souci et Arnica

Soleils des jardins et des montagnes

terran

Souci et arnica.

Sommaire

Je veux chanter, Cherouvrier, le Souci,
Qui te plaît tant et qui me plaît aussi ;
Non les soucis dont Amour me fait guerre,
Mais les soucis étoiles de la terre :
Ains les Soleils des jardins, tant ils sont
Jaunes, luisants et dorés sur le front. [...]
Soit que ma Dame autrefois m'ait donné
Ta couleur jaune, ou que l'âme inclinée
À voir, sentir et contempler ta fleur,
Sur tous parfums estime ton odeur,
Jamais repas ne me fut agréable,
Si ton bouton n'enfleurit une table,
Salade, pain et toute la maison,
Aux plus beaux jours de la prime saison.

« Le souci », Pierre de Ronsard (1524-1585)

Préface

C'est tout enfant, en Picardie, dans le jardin-paradis de ma grand-mère, que j'ai commencé à côtoyer le souci. Celle-ci s'évertuait à y entretenir de magnifiques buissons qui duraient presque toute l'année ; son secret était de « nettoyer » les fleurs prêtes à grainer pour que s'épanouissent à l'infini de nouvelles floraisons dorées ; et c'était là mon travail !
Ce qui m'apprit vite à repérer les fleurs anciennes des nouveaux boutons. Frappante et inoubliable était l'odeur étrange et résineuse laissée sur mes mains tachées…
« Le souci soigne ! » me disait-elle, et, un peu frustrée, j'en restais là…
Plus tard, dans mon jardin pyrénéen, le souci est devenu calendula et, à travers les livres de Maria Treben, Jean Palaiseul et bien d'autres… se sont ouvertes pour moi toutes les portes de l'alchimie végétale. Quelle plante merveilleuse pour cette initiation !
De mon rêve bucolique de petite sorcière est arrivé le passage à l'acte des fabrications :

- La teinture de calendula, ou alcoolature, si utile pour désinfecter les blessures et pour en éviter les complications ; si efficace aussi en bains de bouche, en alternance avec le mélange bicarbonate et eau oxygénée, pour qu'une simple irritation de gencives ne se transforme en parodontose…
- L'huile de macération et surtout l'onguent… C'est sans doute la recette qui m'a le plus émue : l'huile jaune qui, par adjonction de cire d'abeilles, devient pommade !

Mais quelle grande plante que ce « banal » et humble petit souci ! À la fois simple à cultiver, facile à utiliser et tellement vertueux ; on pourrait dire, sans vouloir être péjoratif, une plante pour encourager les « débutants de la galénique » !
Et en usage direct, que de conjonctivites on peut soigner ! On réalise alors une infusion de quelques minutes de calendula frais ou sec, filtrée et

refroidie, mise en compresse ou dans un petit flacon avec compte-gouttes, pour désenflammer une irritation de l'œil d'origine microbienne ou due à un corps étranger.

Autre aventure marquante, une très douloureuse piqûre de guêpe à l'oreille, tout près de la tempe... Heureusement, le souci m'attendait au jardin ; il m'a suffi de mâcher une fleur complète et sa feuille et de l'appliquer au plus vite en compresse directement sur la piqûre pour que cesse la douleur ; expérience mémorable là aussi !

Avec l'arnica, la rencontre s'est opérée différemment, d'abord à travers l'utilisation de la teinture d'arnica et le gel du pharmacien... Puis il y eut la découverte d'une petite station d'arnica sur une colline proche de notre domicile pyrénéen, cette grande plante qui se tient si droite au-dessus des herbes de pâturages et reconnaissable par sa fleur jaune et échevelée, comme si elle « s'était pris un coup » ; c'est sa « signature », m'avait fait remarquer mon ami l'herboriste et naturopathe Jean-François Astier.

Alors les fabrications avec l'arnica sont devenues « maison » et avec des spécificités bien adaptées :

- Pour le petit monde familial, mon premier succès est « l'huile de cara-bosses », qui peut également être transformée en onguent, et indispensable pour calmer les bleus dus aux chutes fréquentes des petits explorateurs de la vie ; je la renforce en ajoutant quelques gouttes d'huile essentielle d'hélichryse italienne.
- Pour les chocs physiques ou émotionnels et leurs suites, 1 goutte d'alcoolature bien diluée dans un grand verre d'eau a le même usage que les granules homéopathiques ; conseil d'une amie homéopathe.
- Pour soulager les douleurs musculaires, les contusions... la compresse d'alcoolature, mais aussi le gel d'arnica, une recette plus élaborée car contenant d'autres ingrédients, mais facile d'emploi, bien pénétrante et non grasse : un mélange d'alcoolature d'arnica, d'hydrolat d'hélichryse épaissi d'une gomme cosmétique naturelle.

Par contre, les quelques essais d'implantation de racines au jardin, en sol pourtant acide, se sont révélés négatifs ; la rebelle préfère sans doute la vie sauvage dans ses collines...

À la lecture de cet ouvrage, à la fois clair et rigoureux, on ne cesse d'apprendre, mais aussi de s'interroger. Parfois même, à travers les connaissances apportées par les auteurs d'hier et aujourd'hui, on a l'impression de mener l'enquête ; on ne s'ennuie pas une minute !
Et chacun de s'y retrouver ; c'est bien là l'esprit du « Compagnon végétal », qui nous ouvre toutes les fenêtres possibles, médicinales, botaniques, artisanales, poétiques ou gourmandes… cette incroyable aventure commune existant depuis toujours entre les plantes et les hommes.
Et l'on n'en ressort jamais indemnes…

Anniejeanne Sauvage

Passionnée par le monde végétal, Anniejeanne Sauvage a créé avec Bernard Bertrand les Jardins de sortilège (dans les Pyrénées). Elle explore depuis 1977 les pistes de l'autonomie au quotidien : cuisine, soins, cosmétiques, produits ménagers… Aujourd'hui elle prend plaisir à transmettre, lors de stages de formation, ses connaissances des plantes et de leurs multiples usages. Elle a notamment signé Mes produits d'entretien au naturel *aux éditions de Terran.*

En guise d'introduction
La complainte du souci

Moi qu'on appelle souci, m'avez-vous déjà regardé ? Pas juste vu, quand vous passez près d'un jardin, mais vraiment regardé : en vous arrêtant, pour une fois, et en prenant le temps de m'observer. Mes feuilles sont d'un vert tendre, mes fleurs sont d'une couleur vive, jaune ou orange, qui attire le regard. Je les montre fièrement, au-dessus du reste, pour qu'on les voie bien ! Elles sont lumineuses, on dirait des petits soleils. Et elles sont nombreuses, elles se succèdent pendant de longs mois de l'année… c'est pour cela que certains m'appellent « fleur de tous les mois ». Franchement, ceux qui prennent le temps de me regarder voient une plante pleine de vitalité, généreuse, vive et gaie.
Alors comment se fait-il que certains me fuient ? C'est d'autant plus incompréhensible que je suis d'une grande utilité aux humains : aussi précieux que l'or, couleur de mes fleurs ! Mes vertus médicinales sont bien réelles, et plus variées que vous ne le pensez en général. Je décore joliment vos plats, et je suis facile à cultiver dans vos jardins, que mes fleurs illuminent pendant une bonne partie de l'année. D'où vient donc que l'on me considère souvent comme triste, associé à des choses déplaisantes, et que certains préfèrent m'éviter ?
En fait, je crois que je le sais : un simple malentendu, qui a la vie dure… ceux qui me fuient n'ont pas compris que « souci », ça veut dire « qui suit le soleil ». Malheureusement pour moi, « souci », ça veut aussi dire quelque chose comme « ennui » ou « tourment », et ils m'associent

bêtement à ça… là où on parle français, du moins. Parce qu'ailleurs, on m'associe plutôt à l'or. « Fleur d'or », ça m'irait mieux comme nom, vous ne trouvez pas ?
Quant à mon cousin le souci des Alpes, il a trouvé la solution : on l'appelle plus souvent « arnica », comme ça… pas de souci ! Il se laisse moins facilement apprivoiser que moi : c'est avant tout un montagnard. Lui aussi a des vertus médicinales précieuses pour les humains, qu'ils ont d'ailleurs repérées depuis longtemps. Herbe aux chutes, herbe aux coups… ses différents noms en disent long. Il fleurit moins longtemps que moi, mais ses fleurs ressemblent à un soleil, elles aussi, plus grandes que les miennes et d'un joli jaune d'or. Lui aussi, on pourrait l'appeler « fleur d'or », aussi il est bien normal que ce livre nous soit consacré à tous les deux !

Arnica.

Souci.

Première partie

Les calendulas

Pas de souci avec la botanique

Une famille bien composée

Nos deux soucis européens les plus communs sont le souci des jardins et le souci des vignes.

Vous l'aurez deviné, le souci des jardins, *Calendula officinalis*, est une plante fréquemment cultivée… dans les jardins ! C'est une plante vigoureuse, ramifiée, et qui produit une quantité impressionnante de fleurs orange vif, parfois jaunes, depuis le début du printemps jusqu'aux premiers froids. De vrais petits soleils, ces fleurs, qui se renouvellent pendant toute la belle saison et illuminent le coin de jardin où elles poussent, avec des couleurs vives qui attirent le regard.

Souci des vignes.

Quant au souci des vignes, *Calendula arvensis*, on le rencontre en climat méditerranéen, au bord des chemins, dans des champs, en particulier dans des vignes – non traitées, car les traitements chimiques le détruisent. Il ressemble beaucoup à son cousin des jardins, mais en plus petit ; ses fleurs sont jaune orangé.

On reconnaît aujourd'hui, dans le monde, une douzaine d'espèces du genre *Calendula*[1], genre caractérisé notamment par la forme des fruits. Il s'agit de :

- *Calendula arvensis* M. Bieb
- *Calendula denticulata* Schousb. ex Willd.
- *Calendula eckerleinii* Ohle
- *Calendula incana* Willd.

1. Liste tirée du site www.theplantlist.org en juin 2019.

- *Calendula lanzae* Maire
- *Calendula maroccana* (Ball) Ball
- *Calendula meuselii* Ohle
- *Calendula officinalis* L.
- *Calendula palaestina* Boiss.
- *Calendula stellata* Cav.
- *Calendula suffruticosa* Vahl
- *Calendula tripterocarpa* Rupr.

Ces différentes espèces se rencontrent autour du bassin méditerranéen, et jusqu'en Iran, ainsi que dans les îles de la Macaronésie : Açores, Cap-Vert, Madère et Canaries.

Le genre *Calendula* fait partie de la famille des Astéracées, également appelée famille des Composées. Parmi les plantes à fleurs, il s'agit d'une des plus importantes par le nombre d'espèces, avec les Orchidacées et les Fabacées. On a recensé plus de 1 600 genres, et près de 24 000 espèces d'Astéracées. Parmi les plus connus chez nous, on peut citer pissenlit, marguerite et pâquerette, séneçon, tanaisie, laitue, salsifis, armoise, chicorée, camomille, bardane, verge d'or, épervière, achillée, tournesol, arnica, bleuet...

Ce qui caractérise cette famille, c'est d'abord la forme de l'inflorescence : en effet, les fleurs sont petites, sessiles, et elles sont regroupées sur un élargissement de la tige appelé « réceptacle ». Aux yeux des botanistes, une « fleur » de marguerite, pissenlit ou tanaisie est en réalité un ensemble de fleurs ! D'où le nom de « Composées » donné par le passé à la famille des Astéracées ; les deux noms sont synonymes. Dans une marguerite, par exemple, chaque petit point jaune du « cœur », chaque « pétale » blanc autour, est en réalité une fleur. On distingue plusieurs types de fleurs dans la famille des Astéracées. Certaines fleurs sont en forme de tube : on parle de fleurs « tubulées », encore appelées « fleurons ». Leurs pétales sont soudés en un tube, terminé par 5 dents égales. Ce sont celles que l'on rencontre, par exemple, sur la tanaisie : les petits points de l'inflorescence sont autant de fleurs tubulées. Ce sont également celles du centre de la marguerite. D'autres fleurs, en forme de languette, sont dites « ligulées ». Ce sont par exemple

Grande marguerite.

Pissenlit.

Chicorée.

Bleuet.

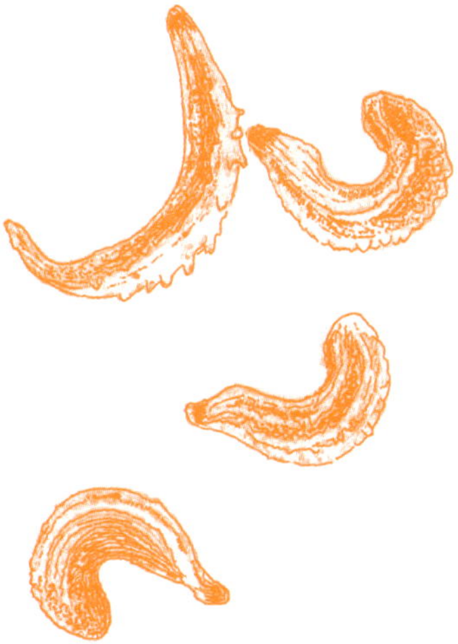

Fruits de souci des jardins.

les fleurs du pissenlit ou du pourtour de la marguerite. Les pétales sont disposés d'un seul côté : ce sont les dents que l'on peut voir à leur extrémité. Un troisième type de fleurs est dit « bilabié » : les pétales, qui forment des dents inégales, sont répartis en deux lèvres. C'est le cas du bleuet.

Certaines plantes ont des fleurs uniquement ligulées, comme le pissenlit et la chicorée. D'autres, comme la bardane et la tanaisie, ont des fleurs uniquement tubulées. D'autres enfin ont les deux types de fleurs, comme la marguerite, la pâquerette et… le souci !

L'inflorescence des Astéracées (couramment appelée la « fleur ») est entourée de bractées, sorte de fausses feuilles, souvent vertes, disposées autour du réceptacle.

La famille des Astéracées est présente sur tout le globe, sauf en Antarctique. Elle est rare dans les forêts tropicales humides. Ce sont souvent des plantes herbacées, parfois des arbrisseaux ou des arbres. Elle comprend de nombreuses plantes alimentaires (artichaut, salsifis, topinambour, tournesol, laitues, etc.) et médicinales (camomille, aunée, bardane, immortelle, etc. sans oublier le souci et l'arnica !).

Soucis d'ici…

Le souci des jardins

On l'appelle également en français : souci officinal, grand souci, souci cultivé, fleur de tous les mois, fleur de calendule, fleur des premiers jours du mois, faux safran.

Son nom latin valide est *Calendula officinalis* L.

Fleur ouverte.

Jeune feuille sans pétiole, sur la tige.

On ne le rencontre pas vraiment dans la nature, ou alors c'est qu'il s'est échappé des jardins ! Plante cultivée ou subspontanée, le souci des jardins est probablement originaire du bassin méditerranéen. C'est une plante de 30 à 70 centimètres de hauteur, à tige dressée et très ramifiée. Il a parfois un port dense, ramassé, parfois beaucoup plus lâche. On le présente souvent comme une plante annuelle. C'est sans doute vrai dans les climats froids, où les soucis ne passent pas l'hiver. Mais dans des climats plus cléments, le souci des jardins est vivace : s'il a résisté au froid, une fois l'hiver passé, il refleurira tôt au printemps ! Nous avons pu l'observer dans nos jardins.

La tige est anguleuse et striée, couverte de petits poils courts. Les feuilles d'un vert tendre sont alternes, sessiles et semi-embrassantes, pubescentes elles aussi. Celles du bas sont spatulées, puis elles deviennent ovales allongées. Plus elles sont haut sur la tige, plus elles sont petites.

Elles sont légèrement poisseuses, ainsi que la tige : si vous faites une cueillette, vous aurez les doigts qui collent un peu. N'oubliez pas de sentir l'odeur de vos doigts, c'est une odeur difficile à décrire, assez forte, un peu résineuse, en tout cas très particulière.

Du capitule à la fleur

Les fleurs ressemblent à une marguerite toute orange, ou toute jaune, de 3 à 8 centimètres de diamètre. En fait, ce qu'on appelle communément la fleur est un capitule, c'est-à-dire un ensemble de fleurs. Les fleurs centrales sont tubulées, les fleurs du pourtour sont ligulées (voir ci-dessus). On peut observer 3 petites dents au bout des fleurs ligulées. Les fleurs,

Bouton floral de souci avant éclosion.

celles du pourtour comme celles du centre, sont souvent orange, mais elles peuvent aussi être jaune vif. Parfois, les fleurs du centre sont plus foncées, tendant vers le pourpre. Tout autour du capitule, les bractées sont de même couleur et consistance que les feuilles, poilues elles aussi, pointues et toutes plus ou moins de la même taille. Leur pointe est rougeâtre.
La formation de la fleur est intéressante à observer. Au départ, le bouton est caché au milieu d'un bouquet de feuilles, il est exactement de la même couleur qu'elles, on ne le remarque pas. Il est presque enveloppé, comme dans un nid. Puis, peu à peu, le bouton grossit et finit par laisser voir le centre de l'inflorescence, avant de s'ouvrir. Et en même temps, la tige qui le porte s'allonge ! Lorsque l'inflorescence s'épanouit et présente sa belle couleur orange ou jaune, elle dépasse la plante, au bout de la tige qui la porte. Cachée dans un nid de feuilles, elle a pris la place qui lui revient, et s'offre aux regards… le nôtre et celui des insectes pollinisateurs !

Du fruit à la graine

Ce sont en effet les insectes qui assurent la pollinisation. Puis les fleurs fanent, et les fruits se forment. Des fruits très particuliers ! Ils sont joliment disposés en rond sur le réceptacle de l'inflorescence, et ont des allures différentes selon leur emplacement. Ils ont une forme de croissant plus ou moins incurvé (parfois presque en cercle, parfois très peu courbé), avec des épines sur le dos. Les plus petits sont aussi les plus incurvés, et se trouvent près du centre ; à maturité, ils tomberont au pied de la plante.

Capitule de souci des jardins.

Capitule vu de dessous.

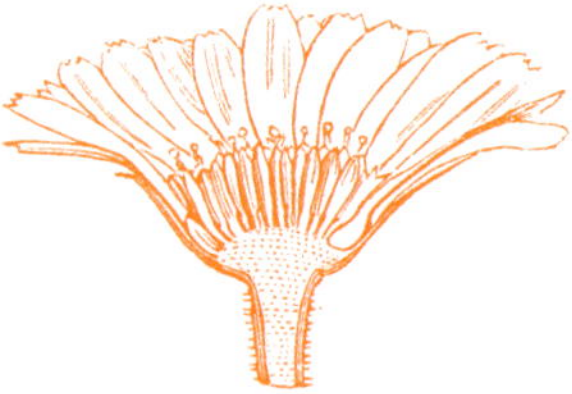

Coupe verticale du capitule, avec les fleurs tubulées mâles au centre, et les fleurs ligulées femelles sur la périphérie.

Fleur ligulée femelle.

Fleur tubulée mâle.

Ensemble des fruits, disposés en rond.

Fruit (akène).

Dispersion des fruits de souci.

Les fruits du pourtour sont plus grands, et plus ouverts. Certains sont ailés, ceux-là pourront être disséminés par le vent. D'autres pourront être disséminés grâce à des animaux, en s'accrochant sur leur peau grâce à leurs épines. Si on les redressait pour mesurer leur longueur, les fruits les plus petits feraient environ 5 millimètres de long, les plus grands entre 15 et 20 millimètres. À l'intérieur de chaque fruit se trouve une petite graine allongée de couleur marron, toute simple. Précisons, pour les botanistes, que les fruits du souci sont des akènes. Si vous avez semé des graines de calendula, alors vous connaissez les fruits… en fait, ce sont eux que l'on sème. Et ce sont eux que l'on trouve dans les sachets du commerce, sous le nom de « graines de calendula ».

On rencontre diverses variétés de souci des jardins : certaines sont dites « simples », d'autres sont dites « à fleurs doubles », c'est-à-dire avec plusieurs rangées de « pétales » (fleurs ligulées) sur le pourtour. Il existe de nombreuses variétés horticoles, nous y reviendrons.

Du sexe des fleurs chez les calendulas

Pour assurer leur reproduction, les plantes à fleurs disposent d'organes femelles, les pistils, et d'organes mâles, les étamines. Dans le pistil se trouve l'ovaire, qui contient un ou plusieurs ovules et se transformera en fruit – les ovules se transformeront en graines. Le pistil se termine par ce qu'on appelle le stigmate, dont la fonction est de capturer les grains de pollen qui permettront de féconder les ovules. Les étamines, quant à elles, contiennent justement le pollen.

De nombreuses plantes ont des fleurs contenant à la fois pistil et étamines. Certaines, cependant, ont des fleurs contenant seulement des étamines, et d'autres seulement des pistils. C'est le cas du genre *Calendula* : les fleurs ligulées du pourtour sont femelles et contiennent donc un pistil (mais pas d'étamines), ce sont elles qui donneront les fruits. Les fleurs tubulées du centre sont mâles et contiennent des étamines (mais pas de pistil), elles produisent le pollen permettant la fécondation des fleurs femelles.

À la loupe, vous pouvez observer les pistils et étamines du souci. Si par exemple vous tirez délicatement sur une fleur ligulée (un « pétale » autour de la « fleur »), vous observerez à sa base le pistil, et notamment le stigmate, que les botanistes qualifient de bifide : il se sépare en deux parties. Pour bien le voir, tournez un peu votre « pétale », pour qu'il soit de profil.

Vous pourrez aussi observer l'ouverture des fleurs tubulées : celles du pourtour s'ouvrent d'abord, puis les autres progressivement, jusqu'à celles du centre. Lorsque toutes les fleurs tubulées sont ouvertes et ont été butinées, l'ensemble se fane. On observe alors la formation des fruits, disposés sur le pourtour du capitule puisqu'ils sont issus des fleurs ligulées.

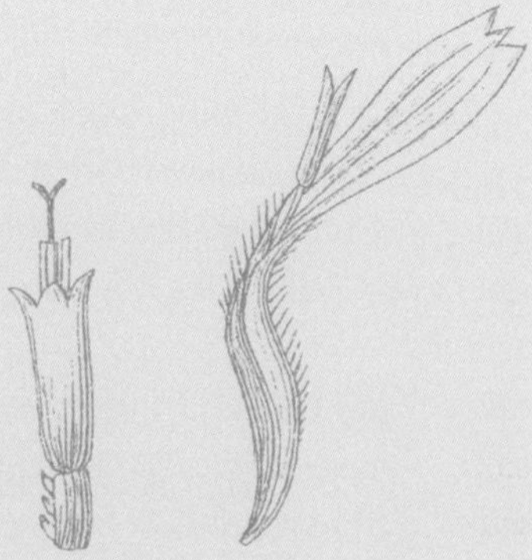

À gauche : Fleur mâle tubulée, se trouvant au centre du capitule.
À droite : Fleur femelle ligulée, se trouvant à la périphérie du capitule.

Le souci des vignes

Fruit de souci des vignes.

On l'appelle également en français : souci des champs, petit souci, souci sauvage, fleur de tous les mois, gauchefer.

Son nom latin valide est *Calendula arvensis* M. Bieb.

Par rapport à son cousin des jardins, le souci des vignes est un méridional ! On le rencontre notamment sur le pourtour méditerranéen, en Afrique du Nord, Italie, Grèce… En France métropolitaine, en dehors de la région méditerranéenne, on peut le voir çà et là, sur presque tout le territoire. Il ne pousse pas en montagne. On le rencontre sur les bords des chemins, les talus, les terrains vagues, dans les maquis et garrigues, en lisière de forêt méditerranéenne, dans les champs, et bien entendu dans les vignes ! Il souffre cependant beaucoup de nos pratiques agricoles et, malheureusement, nos désherbants l'ont chassé de nombreux endroits : comme le coquelicot, le bleuet et d'autres plantes messicoles[2], le souci des vignes est en régression. C'est donc dans les cultures biologiques, ou non traitées, qu'on peut le voir.

Le souci des vignes ressemble vraiment à son cousin des jardins, mais en plus petit. La tige est parfois couchée, parfois dressée, et atteint environ 30 centimètres. Les fleurs sont jaune un peu orangé, plus petites que celles du souci officinal. Si vous voulez les observer, allez-y dans la journée : elles s'ouvrent le matin, et se ferment en fin d'après-midi. C'est aussi le cas du souci des jardins, mais de façon moins marquée. Le souci fait d'ailleurs partie de l'horloge florale de Linné (voir encadré page suivante).

Dans *L'Encyclopédie des plantes bio-indicatrices*, Gérard Ducerf décrit ainsi les sols sur lesquels pousse le souci des vignes : « Sols riches en matière organique et en bases en zone méditerranéenne ou sous microclimat chaud avec érosion par manque de couverture du sol. Faible pouvoir de filtration. Sols filtrants, complexe argilo-humique absent ou défaillant[3]. » Des sols qui auraient besoin de soins !

---

2. Messicoles : qui poussent dans les champs de céréales.

3. Ducerf Gérard, *L'Encyclopédie des plantes bio-indicatrices, alimentaires et médicinales*, vol. 1, Promonature, 2007, p. 114.

L'horloge florale de Linné

Le botaniste Linné, au XVIIIe siècle, avait observé que certaines fleurs s'ouvraient et se fermaient tous les jours à la même heure. À partir de cela, il a imaginé une horloge florale, appelée « *horologium florae* » dans son ouvrage *Philosophia Botanica*.

Cette horloge est constituée de parterres de fleurs qui s'ouvrent ou se ferment à une heure donnée. Au lieu de suivre le mouvement de l'aiguille, on suit les ouvertures et fermetures successives des fleurs. Linné donne une liste de plantes avec les horaires d'ouverture et/ou de fermeture de chacune. Il cite deux calendulas : C. *africana* et C. *arvensis*. Le premier s'ouvre entre 6 et 7 heures le matin, et se ferme à 16 heures. Le second se ferme à 15 heures. Dans une note, Linné précise que C. *africana* s'ouvre par temps sec : si la fleur un matin ne s'ouvre pas, alors il pleuvra dans la journée. Ces horaires d'ouverture et fermeture sont évidemment ceux que Linné a observés là où il vivait, à Uppsala, en Suède. Ils seraient à adapter en fonction, notamment, de la latitude.

Il existe quelques horloges florales, construites sur le principe imaginé par Linné. On peut notamment en voir une à Ostende, en Belgique.

Le poète Jacques Delille, dans un ouvrage paru en 1808*, évoque dans ces vers les horloges florales :

« Voyez comment l'instinct qui gouverne les plantes
Assigne à leur réveil des heures différentes :
L'une s'ouvre la nuit, l'autre s'ouvre le jour ;
Du soir ou du midi l'autre attend le retour.
Je vois avec plaisir cette horloge vivante :
Ce n'est plus ce contour où l'aiguille mouvante
Chemine tristement le long d'un triste mur ;
C'est un cadran semé d'or, de pourpre et d'azur,
Où d'un air plus riant, en robe diaprée,
Les filles du printemps mesurant la durée,
Ou nous marquant les jours, les heures, les instants,
Dans un cercle de fleurs ont enchaîné le temps.

* Delille Jacques, *Les Trois Règnes de la nature*, tome deuxième, Imprimerie des frères Mame à Paris, 1808, extrait du chant VI, p. 77 et 78.

Abeilles

Si vous en avez au jardin, vous avez certainement remarqué que le souci attire diverses petites bêtes, et notamment des abeilles. C'est d'ailleurs pareil pour le souci des vignes ! On peut lire à ce sujet, dans la revue *Abeilles et Fleurs* n° 754 (novembre 2013) : « Le principal intérêt apicole du souci réside dans sa période de floraison, qui se prolonge très tardivement en automne ; les quantités appréciables de nectar que produisent ses fleurs peuvent ainsi constituer une source de nourriture d'appoint intéressante pour les abeilles en fin de saison. »

… Et soucis d'ailleurs

Calendula suffruticosa Vahl est présent sur le pourtour méditerranéen, dans le sud de l'Italie et en Sicile, dans le sud de la péninsule Ibérique, ainsi qu'en Afrique du Nord et jusqu'en Turquie. On le rencontre aussi dans les îles de la Macaronésie. C'est une plante vivace, très variable, dont on a décrit de nombreuses sous-espèces. La souche est généralement ligneuse, les feuilles sont lancéolées, un peu épaisses, aiguës. Les inflorescences sont des capitules jaune vif de 4 centimètres de diamètre, avec des fleurs ligulées de 2 centimètres. La rangée extérieure de fruits est composée d'akènes étalés et faiblement arqués, de 2 centimètres environ. On rencontre ce souci dans les lieux rocailleux ou sableux du littoral, les fentes des rochers, les broussailles.

Le souci à trois ailes, *Calendula tripterocarpa* Rupr., ressemble au souci des vignes, mais en plus grêle. Ses feuilles sont plus étroites, aiguës, souvent dentées. Les capitules ont un diamètre de 0,5 à 1,2 centimètre et sont composés de fleurs toutes de la même couleur, claires ou foncées. Les akènes extérieurs ont 3 larges ailes, comme l'indique le nom scientifique de l'espèce. C'est une plante que l'on rencontre dans les milieux désertiques ou semi-arides d'Afrique du Nord et d'Asie Mineure. On l'a aussi repéré dans le sud de l'Italie, en Sicile, Sardaigne et Corse. Il est également présent mais rare en France.

Le souci étoilé, *Calendula stellata* Cav., est présent en Afrique du Nord, Sicile, et dans les îles de la Macaronésie. Il a été observé en France, mais il y est rare. Ses capitules mesurent 3 à 4 centimètres de diamètre, avec des fleurs ligulées de 2 à 3 centimètres, jaune doré ou orangées, avec les sommets plus foncés. Les fleurs tubulées sont pourpres, ou presque noires.

En Sicile se trouve une espèce rare et endémique, appelée parfois *Calendula maritima* Guss.[4]. La base des tiges est couverte de courts poils visqueux, les feuilles sont charnues, les capitules font 3 à 5 centimètres de diamètre avec des fleurs ligulées de 15 à 20 millimètres de long. On la trouve notamment sur les plages.

À Madère se trouve également une espèce rare et endémique, que l'on rencontre sous le nom de *Calendula maderensis* DC.[5]. Il s'agit d'une plante pérenne, visqueuse, ligneuse à la base, et aux feuilles un peu charnues. Les capitules jaunes ont des fleurs ligulées de 1 à 2 centimètres. Les akènes externes sont presque droits, à ailes dentées[6].

« De l'espèce dans le genre *Calendula* »

Il s'agit du titre d'un article paru en 1921 dans le Bulletin de la Société botanique de France*. L'auteur, J.-A. Battandier, passe en revue les caractères ayant servi à établir les différentes espèces de *Calendula* : plante annuelle ou vivace, port dressé ou diffus, feuillage, pilosité, taille des capitules, couleur des fleurs, polymorphisme des akènes.

---

4. Le nom actuel valide est *Calendula incana* subsp. *maritima* (Guss.) Ohle.
5. Le nom actuel valide est *Calendula incana* subsp. *maderensis* (DC.) Ohle.
6. Informations issues du livre de Roberto Jardim et David Francisco, *Flora Endémica da Madeira*, Múchia Publicações, 2000.

Pour chacun de ces critères, l'auteur explique qu'ils sont largement liés au milieu dans lequel pousse la plante et sont donc variables. Il indique à la fin de l'article : « En résumé, les caractères sur lesquels sont fondées les espèces du genre Souci sont presque tous d'ordre écologique ; de là le peu de valeur de ces espèces.

Les divers *Calendula* ayant souvent des caractères en harmonie avec leur habitat, il ne semble pas déraisonnable de penser que ces caractères aient pu être produits par cet habitat et que les Soucis sahariens ne soient peut-être qu'une adaptation désertique des Soucis du groupe de l'*arvensis*.

Il est possible que les modifications écologiques, lorsqu'elles sont très anciennes, acquièrent assez de constance pour faire des caractères spécifiques. »

La botanique est une science vivante, et en perpétuelle évolution ! Dans le futur, il est possible que la classification des espèces de *Calendula* soit modifiée…

* Battandier Jules-Aimé, « De l'espèce dans le genre *Calendula* », *Bulletin de la Société botanique de France*, vol. 68, 1921, p. 527-531.

Autres plantes appelées souci

Souci hygrométrique, souci pluvial, marguerite du Cap

Il s'agit en fait de plusieurs plantes venant d'Afrique du Sud, du genre *Osteospermum* et du genre *Dimorphoteca*. Ce sont des plantes de la famille des Astéracées, qui font penser à des marguerites. On peut les trouver en jardinerie. Il en existe de nombreuses variétés, de diverses couleurs : roses, jaunes, bleues, blanches, orange… parfois aussi bicolores. Elles fleurissent pendant toute la belle saison, et sont donc très appréciées dans les jardins. Les fleurs se referment lorsque le ciel est nuageux, d'où le nom de souci pluvial.

Souci des Alpes, arnica

L'arnica est une Astéracée qui vit essentiellement en montagne, comme son nom latin l'indique : *Arnica montana* L. On peut admirer ses capitules jaunes en juin et juillet. Nous avons fait le choix de consacrer une partie de ce livre au souci des Alpes, nous y reviendrons donc en détail !

Populage des marais.

Lysimaque commune.

Souci des marais, souci d'eau, populage des marais, sarbouillote, grand bassin

Le populage des marais, *Caltha palustris* L., est une plante de la famille des Renonculacées. Il ressemble à un bouton d'or avec de grosses fleurs (3 à 5 centimètres de diamètre), qui pousse près de l'eau, aux feuilles vert foncé, épaisses et luisantes. Celles-ci sont arrondies et bordées de grosses dents. Celles de la base ont un long pétiole, celles de la tige sont sessiles. La plante fleurit au printemps, et parfois aussi à l'automne. C'est une plante commune, que l'on rencontre au bord des ruisseaux, des fossés, dans les endroits humides.

Le nom de souci d'eau peut aussi désigner la lysimaque commune, *Lysimachia vulgaris* L., une plante de la famille des Primulacées, comme les primevères. Elle pousse au bord des rivières, des mares et des étangs, qu'elle décore pendant l'été de ses grappes de fleurs jaunes à cinq pétales. Les feuilles sont verticillées par 3 ou 4, entières, pratiquement sans pétiole.

Souci, calendula, quels drôles de noms !

Origine des noms

Mais d'où viennent-ils, ces noms étranges ? Le nom de « souci », par exemple. Y aurait-il un rapport entre nos tracas quotidiens et ces fleurs rayonnantes et lumineuses qui fleurissent en abondance ? Le nom de la plante vient du latin *solsequium* ou *solsequia*, de *sol*, qui signifie « soleil », et *sequi*, qui signifie « suivre ». *Solsequia* est donc une plante qui suit le soleil. En effet, ses capitules s'ouvrent le matin et se ferment en fin d'après-midi ! Mais ils ne sont pas les seuls, et ce nom s'est appliqué aussi à d'autres plantes comme la chicorée, le pissenlit, l'héliotrope.

Alain Rey nous apprend que, vers 1280, la plante s'appelait la *soussie* (au féminin), devenue *solcie* un siècle plus tard, puis *solsie* en 1464. Au XVIIe siècle, on utilisait aussi bien le mot *souci* que *solsie* ou *soulcie*. Aucun rapport, sur le plan étymologique, avec nos ennuis : dans ce sens, le mot « souci » est lié au verbe « se soucier », lui-même issu du latin *sollicitare*, qui veut dire « inquiéter, tourmenter ».

Dommage pour la plante qui, du coup, est parfois associée, par exemple dans le langage des fleurs, à des choses plutôt désagréables !

Quant au calendula, il est lié au mot latin *calendae*, « calendes », qui désignait chez les Romains le premier jour du mois. Peut-être parce que la plante est en fleur à toutes les calendes : une floraison généreuse et prolongée, que l'on retrouve dans son nom de « fleur de tous les mois ».

Autres noms de la plante

Signe que le souci a été une plante commune et utilisée, il a reçu de très nombreux noms.

Pour le souci des champs, *Calendula arvensis*, Eugène Rolland en cite plus de 120 ! On trouve par exemple :

- *Solcecle* (f.), *sourcicle* (f.), *soucicle* (f.), *soulcie* (f.), *soucie* (f.), *soucite* (f.), *espouse du soleil*, *torne-soleil* (m.), *torne-midy* en ancien français ;
- *Sorci* (m.), *sourci* (m.) en Aveyron, Lozère, Cantal, Savoie, Indre-et-Loire, Sarthe, Morbihan, Pas-de-Calais, Côte-d'Or, Cher, Yonne ;
- *Tourci* (m.) dans le Maine-et-Loire ;
- *Souciette* (f.) et *suciette* (f.) dans la Marne ;
- *Ouciro* (f.), *soucir* (m.) en Corrèze ;
- *Sansouci* (m.) dans le Vaucluse, la Loire, les Hautes-Alpes, la Haute-Saône, le Loiret ;
- *Sansoucir* (m.) dans l'Aveyron ;
- *Souèbé* (m.) dans les Vosges ;
- *Souci d'or* (m.) dans la Manche ;
- *Gobe* (f.) dans l'Aisne ;
- *Fleur glôde* (f.) en Savoie ;
- *Gaou* (m.) dans le Lot ;
- *Fleur de cocu* en Charente-Maritime ;
- *Cocu* (m.) dans le Nord et dans l'Aisne ;
- *Bouan* (m.) dans les Côtes-d'Armor ;
- *Fleur de mort* en Belgique wallonne.

Dans un ouvrage paru en 1607[7], le souci est appelé « herbe solaire », « herbe du soleil », « fiancée du soleil », « horloge des paysans ». Avec ce dernier nom, on retrouve, bien avant Linné, l'idée de l'horloge florale ! On l'appelle également parfois « faux safran », un nom donné aussi à d'autres plantes, en particulier le carthame des teinturiers.

7. Vinet Élie et Mizauld Antoine, *La Maison champestre et agriculture*, R. Fouet, 1607.

Dessin de souci dans l'*Histoire générale des plantes* de Jacques Daléchamps, en 1615. Le souci y est présenté sous le nom de « caltha des poètes ».

En botanique, le souci ne s'est pas toujours appelé calendula. On le rencontre dans des livres anciens sous le nom de *Caltha vulgaris* (c'est le cas dans le livre de Bauhin[8], au XVIIIe siècle), ou parfois *Verrucaria* ou encore *Chrysanthemum*. Dans l'ouvrage de Matthiole[9], au XVIe siècle, les noms de *Caltha* et *Calendula* sont employés.

Dans les langues voisines

En allemand, le souci officinal est nommé *Ringelblume*, ce qui signifie « fleur en rond », ou « en anneau ». Un nom associé à la disposition des fruits, qui forment en effet un beau rond autour du capitule ! On retrouve la même racine dans le nom *Ringula* donné à la plante par Hildegarde de Bingen.

Dans son ouvrage consacré au calendula, Christina Kiehs-Glos cite de nombreux autres noms, faisant référence tantôt à l'aspect de la plante (forme, couleur), tantôt à ses usages : *Warzenblume* (« fleur à verrues »), *Goldblume* (« fleur d'or »), *Sonnenbraut* (« fiancée du soleil »), *Ringelrose* (« rose en anneau »), *Hühnernelke* (« œillet des poulets »), *Studentenblume* (« fleur des étudiants »), *Fallblume* (« fleur des chutes »), *Ringelnelke* (« œillet en anneau »), *Ringila*, *Ringella*, *Todtenblum* (« fleur de la mort »),

8. Bauhin Gaspard, *Histoire des plantes de l'Europe*, tome second, chez Duplain, 1762.

9. *Les Commentaires de M. P.-A. Matthiole, médecin siénois sur les six livres de la matière médécinale*, chez Jean-Baptiste de Ville, 1680.

Les fruits du souci (akènes), disposés en rond.

Une fleur de souci se fane : les fleurs ligulées sont tombées, les graines sont formées et les fleurs tubulées se fanent et se détachent à leur tour.

Sonnenwirbel (« tourbillon de soleil »), *Dotterblum* (« fleur jaune comme du jaune d'œuf »), *Regenblum* (« fleur de pluie »), *Mariengold* (« or de Marie »).

En anglais, le nom usuel du calendula est *marigold :* on retrouve donc la couleur or (*gold*), associée probablement à la Vierge Marie. Ce nom se décline en *pot marigold* pour le souci des jardins (*pot* signifiant « pot »), et *field marigold* pour le souci des vignes (*field* signifiant « champ »). Cependant le nom de *marigold* s'applique aussi à d'autres plantes à fleurs jaunes ou orange, comme par exemple les œillets d'Inde ou tagètes (*Tagetes* sp.), ou le populage des marais (*Caltha palustris* L.).

En néerlandais, la plante s'appelle *goudsbloem*, ce qui veut dire « fleur d'or ». Décidément, nos voisins anglais, allemands et néerlandais associent le calendula à l'or ! *Marigold* en anglais, *Goldblume* en allemand, *goudsbloem* en néerlandais… Chez nous, nous l'avons vu, c'est dans la Manche qu'on lui donne le nom de « souci d'or ».

Dans ces trois langues – allemand, anglais et néerlandais – le nom de *Calendula* est également utilisé. On le retrouve en espagnol et en italien.

En espagnol, la plante se nomme *caléndula*, *maravilla de jardin* (« merveille du jardin »), *flor de todos les meses* (« fleur de tous les mois »), *flamenquilla* (« petite flamande »), *flor de la virreina* (« fleur de la vice-reine »), *reinita* (« petite reine »), *flor de muerto* (« fleur du mort »), *chinitas* (« petites chinoises »), *espantanovios* (« effroi des fiancés »).

Et en italien, c'est le nom de calendula qui vient en premier : *calendula ortense*, *calendula coltivata* (« calendula cultivé »), avec aussi *fiorrancio*, et *calta*.

Une belle peau sans souci

La fleur d'or est une plante de choix pour les soins de la peau, que ce soit dans le domaine médical ou en cosmétique. Elle est remarquablement polyvalente ! Dans ce chapitre, nous aborderons d'abord les vertus médicinales du calendula sur la peau et sur les muqueuses, ainsi que pour la beauté. On trouve dans le commerce nombre de produits contenant du souci. Mais on peut aussi fabriquer soi-même différents produits et cosmétiques à base de calendula, ainsi que de la teinture mère : cela fera l'objet du cahier pratique (p. 54).

Vertus médicinales sur la peau

Souci des champs.

S'il y avait une plante à retenir pour les soins de la peau, ce serait bien le calendula ! Comme le dit le docteur Jean-Michel Morel, « c'est sans doute la plante la plus connue et utilisée en dermatologie[10] ». Le souci a des propriétés antibactériennes, antifongiques et antivirales, c'est donc un désinfectant. Mais ce n'est pas tout : il a une action anti-inflammatoire et, de plus, cicatrisante : il favorise la fabrication de collagène par l'organisme, et stimule la reconstruction des tissus de la peau. La cicatrisation est plus rapide et plus facile. Toujours selon le docteur Jean-Michel

10. Dr Morel Jean-Michel, *Traité pratique de phytothérapie*, Grancher, 2008, p. 572.

Associations

Le souci peut être utilisé seul, mais il peut être judicieux de l'associer à d'autres plantes, selon les effets recherchés. Pour un coup de soleil ou une petite brûlure, par exemple, le millepertuis est tout à fait indiqué. Sur une petite plaie, une écorchure, ou pour aider à la cicatrisation, on peut associer le calendula au plantain. Pour une réparation de tendon ou d'un autre tissu sous la peau, on choisira plutôt la consoude pour accompagner le souci. S'il s'agit d'une contusion, ou d'une blessure consécutive à un coup, c'est alors l'arnica qui sera indiquée en association avec le calendula. Toutes ces plantes peuvent être préparées, comme le souci, en macérat huileux, qui convient bien à l'usage externe.

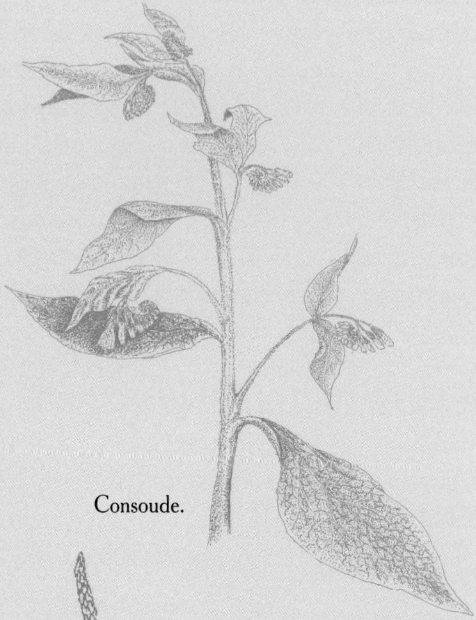

Consoude.

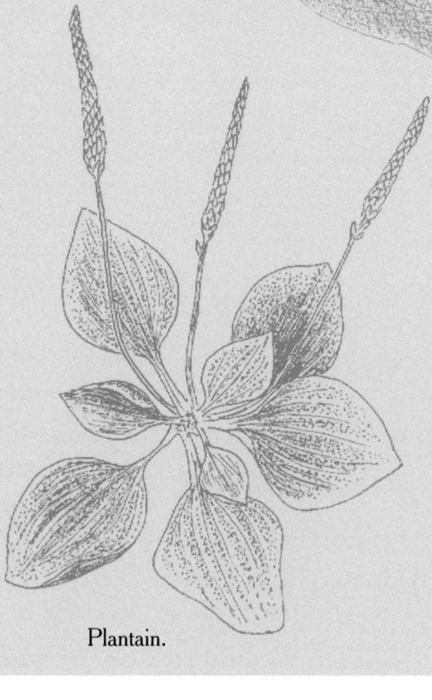

Plantain.

Morel, « il est remarquablement efficace dans les plaies de toute nature, les eczémas et les dermatoses infectées[11] ».
Le souci est donc tout à fait indiqué devant les petits ennuis quotidiens de la peau : rougeurs et irritations, inflammations, petites plaies, écorchures, coupures, crevasses, engelures, petites brûlures, érythèmes fessiers des bébés, etc. On l'utilise aussi sur les furoncles, les dermatoses, les ulcères variqueux, les éruptions cutanées, les contusions. Devant des problèmes chroniques de peau comme le psoriasis et l'eczéma, il est intéressant par voie externe, mais pas seul : il complétera un traitement par voie interne pour résoudre la cause du problème. On l'applique également sur les varices.
On utilise le souci principalement sous deux formes : sous forme de macérat huileux (huile au calendula) ou sous forme de macération alcoolique (teinture). Le macérat huileux peut être utilisé tel quel, ou encore sous forme d'onguent ou crème.
L'huile au calendula convient particulièrement bien pour le traitement des rougeurs et irritations, démangeaisons, petites brûlures, coups de soleil, érythèmes fessiers des bébés, crevasses des mamelons, des mains et des pieds.
Sur une plaie ouverte, on préférera la macération alcoolique, car l'application d'huile empêcherait la cicatrisation. Une ancienne infirmière à domicile nous a confié qu'elle utilisait souvent ce remède pour aider à la cicatrisation des plaies : pendant qu'elle préparait, par exemple, un pansement pour la main, elle demandait à la personne de tremper sa main blessée dans un bol rempli d'eau, dans lequel elle avait ajouté de la teinture de calendula. On peut également appliquer une compresse, imbibée de teinture diluée.
La teinture de calendula est très polyvalente : Christian et Élisabeth Busser indiquent que « la teinture de calendula est devenue l'équivalent de l'ancien mercurochrome pour beaucoup de familles, surtout celles qui se traitent par homéopathie et phytothérapie[12] ».

---

11. *Ibid.*, p. 325.

12. Busser Christian et Élisabeth, *Les Plantes des Vosges. Médecine et traditions populaires*, la Nuée bleue, 2005, p. 87.

Au Maroc

Au Maroc, on trouve diverses espèces de *Calendula* : le souci officinal et le souci des vignes, mais aussi d'autres espèces comme C. *maroccana* subsp. *murbeckii* (Lanza) Ohle. Jamal Bellakhdar, spécialiste de la pharmacopée marocaine, indique : « Dans les régions de Rabat et de Fès et au Moyen-Atlas, les fleurs des espèces sauvages sont frottées sur les blessures pour les cicatriser. Le souci des jardins (C. *officinalis*), là où il est cultivé, est utilisé de la même façon*. »

* Bellakhdar Jamal, *La Pharmacopée marocaine traditionnelle*, Ibis Press, 1997.

Qui est le plus actif ?

Le souci des jardins ou le souci des vignes ? Ceux à fleurs simples ou à fleurs doubles ? Bonne question ! La plupart des auteurs ne travaillent qu'avec le souci des jardins. Cependant quelques-uns utilisent l'un ou l'autre, et certains considèrent le souci des vignes comme plus puissant que son cousin des jardins. Les deux plantes peuvent être utilisées. Les plantes sauvages, d'une manière générale, sont souvent plus riches que les plantes cultivées ; cependant le souci des vignes a fait l'objet de moins d'études, il est moins répandu que le souci des jardins et ses capitules sont plus petits, ce qui explique peut-être qu'il soit moins utilisé. Si vous en avez près de chez vous, profitez-en !

Quant aux variétés de souci des jardins, fleurs simples ou doubles, jaunes ou orange… il semble que cela n'ait pas d'importance : toutes sont médicinales. Il vaut mieux, cependant, privilégier les variétés rustiques plutôt que les variétés cultivées aux capitules très gros.

Le Dr Valnet recommande de préparer les compresses avec la teinture diluée à raison de 2 cuillères à café pour un bol d'eau. Christian Escriva[13] indique une dilution au dixième dans de l'eau. Anniejeanne Bertrand conseille le dosage de 1 bouchon de teinture pour 2 bouchons d'eau si la préparation est à base d'alcool à 90 ° ; ou encore une dilution moitié eau, moitié teinture si c'est de l'alcool à 40 ° qui a été utilisé. Laissez-vous guider par la sensibilité de la partie à soigner.

En plus de son usage sur les plaies ouvertes, la teinture peut également être employée dans d'autres situations : Michel Pierre la recommande en cas d'« inflammation de la peau, plaie, cicatrisation, contusion, furoncle, éruption cutanée, dermatose, ulcère variqueux[14] ». Il conseille de mettre 30 gouttes de teinture dans un verre d'eau puis de faire des compresses ou des lotions sur les parties à traiter, jusqu'à amélioration des symptômes.

Les compresses peuvent aussi être préparées à partir d'une infusion de la plante. Pour un usage externe de l'infusion, on peut compter une petite poignée de fleurs séchées par tasse. On laisse refroidir l'infusion, puis on y trempe une compresse ou un morceau de tissu fin, que l'on essore légèrement avant de l'appliquer sur la peau.

Toujours au sujet des problèmes de peau, une mention spéciale pour les verrues : le suc frais de calendula peut être appliqué sur celles-ci, comme on le fait avec la chélidoine. D'ailleurs, l'un des noms en allemand de la plante n'est-il pas *Warzenblume*, c'est-à-dire « fleur aux verrues » ? Sur les verrues, une macération de la plante dans du vinaigre est également employée.

Le suc frais de la plante peut aussi être appliqué sur les piqûres d'insectes : pour James Duke, « la fleur de souci frictionnée sur la région affectée est un admirable remède pour la douleur et l'enflure causée par une piqûre d'abeille ou de guêpe[15] ».

---

13. Escriva Christian, *Précis de phytothérapie. Extraits de gemmothérapie et teintures mères*, Promonature, 2008.

14. Pierre Michel, *Les Plantes du bien-être*, Éd. du Chêne, 2014, p. 85.

15. Duke James A., *Le Pouvoir des plantes*, Poche Marabout, 1997, p. 454.

Recette contre les engelures

Dans son livre *Secrets d'une herboriste*, Marie-Antoinette Mulot, herboriste diplômée en 1941, indique que le calendula est un « très bon préventif contre les engelures* ». Voici sa recette :
« Dès que le mois de novembre arrive, baignez-vous chaque jour les pieds et les mains dans un bain à 37 °C, dans lequel vous ajouterez 200 grammes de souci que vous aurez fait bouillir dans 2 litres d'eau, vous ajouterez 2 poignées de sel marin. Cette même préparation réchauffée peut servir trois fois.
Si les engelures sont "installées", faites des cataplasmes avec les pétales bouillis après que vous aurez pris le bain**. »

* Mulot Marie-Antoinette, *Secrets d'une herboriste*, Éd. du Dauphin, 2007-2009, p. 499.
** *Ibid.*, p. 499 et 500.

Cosmétique

Polyvalent et bénéfique pour la peau, le souci est utilisé dans la préparation de produits cosmétiques. Yves Rocher indique : « Adoucissant, hydratant et tonifiant, le souci est particulièrement recommandé pour les peaux sèches[16]. » Suit une recette toute simple : « Pour adoucir l'épiderme, faire infuser pendant un quart d'heure une poignée de fleurs et de tiges de souci dans de l'eau très chaude mais non bouillante. Appliquer en compresses tièdes. »
Le macérat huileux de souci est particulièrement doux, et peut être utilisé y compris pour les bébés et les peaux sensibles. Ses vertus anti-inflammatoires, antiseptiques et régénérantes sont précieuses. Pas étonnant qu'on le retrouve dans de nombreux produits cosmétiques !

16. Rocher Yves, *Mieux vivre par les plantes*, Éd. de la Forêt neuve, 1978, p. 212.

Et puisque nous parlons cosmétique... avez-vous déjà, par curiosité, regardé la composition des crèmes, shampooings et autres produits vendus dans le commerce ? Il faut parfois une loupe, mais même quand on arrive à lire, on se retrouve face à des noms latins et des noms de code qui ressemblent à des hiéroglyphes... Pas facile de comprendre ce qu'il y a dans les pots et flacons. Les fabricants sont tenus d'indiquer la composition de leurs produits en utilisant une nomenclature internationale, l'INCI (International Nomenclature of Cosmetics Ingredients)[17]. On rencontre fréquemment dans les crèmes, par exemple, des huiles et cires minérales issues de l'industrie pétrochimique et qui ne laissent pas bien respirer les pores de la peau, des additifs comme les phtalates et parabènes, des parfums de synthèse qui peuvent être allergisants, phénols, et autres joyeusetés... que l'on n'a pas forcément envie de retrouver sur notre peau puis dans notre organisme. Même un produit « à la lavande » ou « au jojoba » avec une belle image sur l'emballage n'en contient peut-être que très peu, moins de 1 %... *Quid* du reste ? Des produits de synthèse ? Et même avec des produits végétaux, s'ils ne sont pas de qualité biologique, on peut trouver de nombreux résidus des traitements chimiques reçus par les plantes.

Voilà déjà une première raison de fabriquer vous-mêmes vos cosmétiques, à commencer par votre crème au calendula : vous saurez ce qu'il y a dedans ! Uniquement des ingrédients naturels et de bonne qualité. Uniquement des principes actifs aussi : pas besoin d'excipient ! Sans compter l'économie d'emballages : elle en produit, des emballages, l'industrie cosmétique. L'industrie du médicament aussi, soit dit en passant. Avec vos produits maison, vous pourrez réutiliser des pots et flacons. Et, bien sûr, ça vous coûtera nettement moins cher ! Certaines personnes qui ont la peau fragile utilisent une crème matin et soir, et au final, avec les années, dépensent une fortune...

Dans cet ouvrage, nous vous proposerons quelques recettes simples pour fabriquer, dans un premier temps, une huile au calendula, puis un onguent et enfin une crème (voir cahier pratique p. 54). Ils pourront

---

17. Les personnes qui veulent déchiffrer les étiquettes des produits consulteront avec intérêt le site Internet https://laveritesurlescosmetiques.com

vous servir au quotidien, aussi bien pour leurs vertus médicinales que pour leurs vertus cosmétiques. Vous verrez que ces recettes peuvent être adaptées et personnalisées : vous pourrez déjà, avec cette base, faire différents produits ! Mais surtout, si le sujet vous intéresse, allez plus loin : il existe de nombreux ouvrages et sites Internet pour apprendre à fabriquer soi-même des cosmétiques naturels et, vraiment, cela en vaut la peine. Vous trouverez bien d'autres recettes de crèmes et onguents, avec peut-être d'autres ingrédients, d'autres méthodes de fabrication. Il existe aussi d'autres préparations parfois toutes simples, comme par exemple les vinaigres de toilette, que l'on prépare à partir de vinaigre de cidre et de plantes. On peut ensuite les utiliser tels quels ou les intégrer à d'autres préparations comme des lotions. Et pourquoi pas fabriquer aussi des shampooings, savons, lotions, démaquillants, etc.

Quels emballages choisir ?

Pour conditionner vos produits cosmétiques maison, que choisir : du verre ou du plastique ? Ce dernier a l'avantage d'être léger et incassable, c'est certain. Cependant les plastiques présentent aussi des inconvénients : outre qu'ils ne sont pas toujours recyclables, il faut savoir que certaines molécules qu'ils contiennent sont susceptibles de migrer dans les corps gras. C'est le cas notamment des phtalates et du bisphénol A. Y aura-t-il des échanges entre votre macérat huileux et la bouteille en plastique qui le contient ? Si oui, ce sera à dose infime, est-ce vraiment un problème ? Difficile de répondre… Les produits que nous mettons sur notre peau la traversent, et passent dans le sang. Certains cosmétiques sont utilisés tous les jours, voire plusieurs fois par jour ! Il paraît donc sage d'appliquer le principe de précaution, et d'éviter autant que faire se peut le plastique.
Pour notre part, nous préférons utiliser du verre pour nos préparations. C'est un matériau parfaitement inerte et réutilisable à l'infini, qui nous paraît le mieux adapté.

Se soigner avec ses soucis

Le calendula est une plante remarquable pour ses effets sur la peau. Mais pas seulement ! On l'emploie également par voie interne pour soigner divers troubles.

Petit historique

Paul Fournier indique que « les soucis sont certainement originaires des régions méditerranéennes, mais on ne connaît nulle part l'espèce cultivée à l'état spontané. Il est incertain que les Anciens l'aient connue, d'autant qu'elle ne croît à l'état sauvage ni en Italie ni en Grèce[18] ». On peut quand même penser que, même si les Anciens ne connaissaient pas l'espèce cultivée qu'est le souci des jardins, ils ont remarqué le souci des vignes, avec sa forte odeur résineuse et sa longue floraison. Cependant cela n'apparaît pas clairement dans les textes. Dans les écrits de Pline l'Ancien, il est question d'une plante nommée *Caltha*, qui est peut-être le souci. Au Moyen Âge, nous l'avons vu, les plantes qui s'ouvraient le matin et se fermaient le soir pouvaient être appelées « souci », au sens de *solsequia*, « qui suit le soleil » : pissenlit, chicorée, héliotrope, aussi bien que notre calendula. On ne sait donc pas toujours précisément quelle est la plante concernée par les écrits de cette époque ! C'est le cas par exemple dans le capitulaire *De Villis*. À la fin de ce texte, Charlemagne donne une liste de plantes à cultiver dans les domaines royaux. Le texte est écrit en latin et, parmi ces plantes, il en est une du nom de *solsequiam*. Était-ce le souci ? On ne sait pas… Hildegarde de Bingen, au XIIe siècle, mentionne par contre clairement le calendula sous le nom de *Ringula* (voir encadré « Hildegarde de Bingen » p. 50). Toujours au XIIe siècle, Platéarius évoque le souci dans *Le Livre des simples médecines*, et précise même : « On l'appelle "calendula" parce que, toutes les calendes

18. Fournier Paul, *Le Livre des plantes médicinales et vénéneuses de France*, tome III, Paul Lechevalier éd., 1948, p. 29-30.

du mois, il porte des fleurs[19]. » Aucun doute, donc, sur la plante dont il est question ! Le premier usage médical qu'il donne concerne les cycles féminins : « Pour provoquer et faire courir les fleurs retenues chez les femmes : ou boire le jus de cette herbe, ou la manger avec un œuf clairet, ou encore en faire des crêpes avec de la farine[20]. » Les « fleurs » étant, dans ce sens, le sang des règles. Platéarius donne un autre usage du souci, plus surprenant pour nous : « Contre les douleurs de dents, mettre le jus de cette herbe dans les narines[21]. » Au siècle suivant, saint Albert le Grand conseille l'emploi du calendula contre les morsures des animaux venimeux et contre les obstructions de la rate et du foie.

Au XVIe siècle, le médecin siennois Matthiole dit du souci, dans ses écrits, que les Toscans « en usent ordinairement parmi leurs salades ». Il donne ensuite de nombreuses propriétés de la plante : « Elle est chaude, dessicative, apéritive, digestive et provocative, étant néanmoins un peu astringente au goût. Au reste, on sait assez qu'elle est propre à faire sortir le flux menstruel, ou prenant son jus en breuvage, ou mangeant par quelques temps l'herbe fraîche. Une once de son jus, avec une drachme de poudre de vers de terre, est singulière à la jaunisse. Quelques-uns estiment qu'usant souvent de cette herbe, on fait grand bien à la vue. L'eau distillée de la plante lorsqu'elle est en fleur, mise sur les yeux en quelque façon que ce soit, guérit les ardeurs et inflammations d'iceux. La poudre du soussy mise au creux des dents malades, en ôte la douleur[22]. »

Aujourd'hui, on utilise toujours le calendula pour régulariser les cycles féminins et soulager les douleurs qui lui sont parfois liées. François-Joseph Cazin, au XIXe siècle, mentionne lui aussi l'usage du souci contre la jaunisse, mais en associant des fleurs fraîches de souci et de genêt. Il évoque aussi les yeux, avec l'utilisation de la plante réduite en poudre :

19. Platéarius, *Le Livre des simples médecines*, traduction et adaptation de Ghislaine Malandin d'après le manuscrit français 12322 de la bibliothèque nationale de Paris, Éd. Ozalid et Textes cardinaux, 1990, p. 34.

20. *Ibid.*, p. 34.

21. *Ibid.*, p. 34.

22. *Les Commentaires de M. P.-A. Matthiole...*, *op. cit.*, p. 472.

« Je l'ai aussi mise en usage, d'après une pratique populaire, dans les ophtalmies chroniques : elle y produit un bon effet quand elle n'est pas contre-indiquée par une irritation trop vive de la conjonctive ; elle m'a surtout réussi dans les cas de palpébrite chronique et d'ulcération scrofuleuse des paupières[23]. »
Ce médecin et botaniste a beaucoup utilisé les plantes dans sa pratique. Il présente dans son ouvrage différents usages du souci, par voie interne ainsi que sur la peau. Il mentionne les indications traditionnelles de la plante, mais aussi des résultats obtenus par lui-même ou d'autres médecins dans des cas précis. Et il conclut : « Si les anciens ont exagéré les vertus du souci, les modernes les ont trop dépréciées[24]. »

Dessin de calendula dans le livre de Matthiole, repris dans l'ouvrage de Gaspard Bauhin paru au XVIIIe siècle.

Constituants

Les principaux constituants des capitules du souci des jardins sont des flavonoïdes (hétérosides du quercétol), des caroténoïdes (lutéol, zéaxanthol), des polysaccharides (arabinogalactane). On y trouve également des saponosides triterpéniques, des acides phénoliques, des coumarines, ainsi qu'une huile essentielle contenant notamment des sesquiterpènes.
Les auteurs du *Manifeste gourmand des herbes folles* précisent que la plante « compte plus de 19 types de caroténoïdes pour résister au soleil, du faradiol qui soigne les œdèmes et des flavonoïdes antioxydants, qui préviennent les tumeurs* ».
* Ubarrechena Diana, Oxley George, Ducerf Gérard, *Manifeste gourmand des herbes folles*, Toucan, 2013, p. 225.

23. Cazin François-Joseph, *Traité pratique et raisonné des plantes médicinales indigènes*, Jalons des savoirs, 1997, p. 1019.
24. *Ibid.*, p. 1019.

Usages du souci

Pour Pierre Lieutaghi, « le souci, qu'il soit des champs ou des jardins, est une plante précieuse, méconnue dans ses emplois internes[25] ».
Le souci est utilisé, par voie interne, pour soigner les plaies et inflammations des muqueuses. C'est logique : sur notre « peau intérieure », et notamment le tube digestif, le souci agit de la même façon que sur la peau extérieure ! Son action antiseptique, anti-inflammatoire et régénérante est là aussi précieuse. On l'emploie dans les inflammations de la gencive (gingivite) et les aphtes, les inflammations du pharynx, de l'œsophage et de l'estomac (pharyngite, œsophagite et gastrite), les ulcères gastriques et duodénaux, les colites. On peut également l'utiliser sur la muqueuse vaginale, en cas d'irritation ou d'infection bactérienne ou fongique (par exemple mycose ou candidose). Michel Pierre le recommande aussi dans les cas de cystite, inflammation de la vésicule biliaire, spasmes digestifs, vers intestinaux[26].
Par voie interne, le souci peut se prendre en infusion ou sous forme de teinture diluée. Pour la tisane, Michel Pierre recommande de mettre une cuillérée à soupe de capitules floraux séchés par tasse, infusée 10 minutes, à raison de 2 à 3 tasses par jour en dehors des repas jusqu'à amélioration des symptômes.
En herboristerie, on trouve le souci sous forme de capitules ou de « pétales », séchés dans les deux cas. Si vous utilisez des « pétales » séchés plutôt que les capitules séchés, vous pouvez diviser la quantité par 2 ou 3 pour préparer votre tisane.

Sous forme de teinture, la posologie moyenne conseillée par Christian Escriva est de 3 fois 30 gouttes par jour, en cures de 20 jours par mois, pendant 3 mois à renouveler.

---

25. Lieutaghi Pierre, *Le Livre des bonnes herbes*, Actes Sud, 1996, p. 424.
26. Pierre Michel, *Les Plantes du bien-être*, *op. cit.*, p. 85.

Pour les aphtes, par contre, on peut appliquer directement la teinture mère pure sur l'aphte à l'aide d'un Coton-Tige.
Sur les mycoses et candidoses vaginales, le calendula peut être utilisé en application externe, sous forme de douche vaginale (à partir d'infusion de la plante, ou de teinture diluée). Mais pour éliminer le problème, il conviendra aussi de s'attaquer à sa cause avec, en particulier, des modifications alimentaires si besoin.

Le souci est utile également pour les yeux et les oreilles. Matthiole et Cazin évoquaient déjà des usages du calendula pour les yeux, notamment les inflammations. Clotilde Boisvert propose la recette suivante, là aussi contre les inflammations des yeux :
« 1 grosse poignée de souci
5 fleurs de sauge
5 fleurs de bleuet
Faire infuser 10 min dans 1 l d'eau bouillante. Filtrer. Baigner l'œil avec une œillère[27]. »
Pour les oreilles, le Dr Claude Binet recommande la teinture mère : « 6 gouttes matin et soir dans l'oreille cicatrisent les otites et calment l'otalgie[28]. »
Outre son action sur les diverses muqueuses, le souci est reconnu pour ses propriétés emménagogues : c'est une plante qui facilite l'écoulement et la régularité du flux menstruel, et soulage les douleurs qui sont parfois liées aux règles. Il s'agit là d'une action hormonale, avec une légère stimulation de la production d'œstrogènes. En pratique, on peut utiliser la tisane ou la teinture. Pour la tisane, Michel Pierre recommande 2 tasses par jour, 5 jours avant la date présumée des règles et les deux premiers jours. À renouveler tous les mois jusqu'à amélioration des symptômes[29]. Pour la teinture, Christian Escriva conseille de prendre 3 fois 30 gouttes par jour, en commençant au milieu supposé du cycle, et en poursuivant jusqu'à

27. Boisvert Clotilde, *Plantes et remèdes naturels*, Dubanel, 2003, p. 485.
28. Dr Binet Claude, *L'Homéopathie pratique*, Dangles, 1979, p. 51.
29. Pierre Michel, *Les Plantes du bien-être*, *op. cit.*, p. 85.

la fin des règles[30]. Pierre Lieutaghi indique que « dans l'aménorrhée, la dysménorrhée, cette plante, prise de préférence en teinture (faire macérer 10 jours 50 grammes de fleurs sèches dans 250 grammes d'alcool à 60 ° ; 10 gouttes 3 fois par jour) pendant la semaine précédant l'époque des règles, entraîne le plus souvent leur réapparition et la reprise de leur cours normal, en atténuant la douleur et les troubles divers liés à leur perturbation. Le Dr Leclerc la recommande principalement aux névropathes et aux anémiques. L'infusion de 5 à 8 grammes de fleurs pour 1 litre d'eau bouillante (2 tasses par jour) peut, au besoin, remplacer la teinture[31] ».

Le calendula en cas de fausses couches

Les fausses couches, dont on ne parle pratiquement jamais, sont pourtant fréquentes : on estime qu'environ une grossesse sur cinq se termine par une fausse couche. Pas de pause, pas de congé particulier, rien à signaler… notre société s'occupe de la mère après une naissance, pas de la femme après une fausse couche. Pour autant, ce n'est pas toujours facile à vivre sur le moment. Le calendula peut cependant constituer une aide précieuse pour la femme venant de subir ce traumatisme.

Christian Escriva indique : « Après une fausse couche ou bien une intervention gynécologique (interruption volontaire de grossesse, curetage) : le calendula agit comme remède "œstrogène-mimétique", favorise la cicatrisation de l'endomètre et "relance" la maturation de la muqueuse utérine*. »

La posologie qu'il recommande est de 3 fois 30 gouttes de teinture par jour, pendant 3 semaines.

* Escriva Christian, *Précis de phytothérapie. Extraits de gemmothérapie et teintures mères*, *op. cit.*, p. 129.

30. Escriva Christian, *Précis de phytothérapie. Extraits de gemmothérapie et teintures mères*, *op. cit.*, p. 128.

31. Lieutaghi Pierre, *Le Livre des bonnes herbes*, *op. cit.*, p. 424.

Comme beaucoup de plantes, le calendula est diurétique. On lui reconnaît une action sudorifique et dépurative (voir encadré « La tisane des cinq fleurs » p. 52). Comme dépuratif, le calendula est parfois utilisé dans les intoxications médicamenteuses, comme par exemple les cures postantibiothérapie. On lui reconnaît également des propriétés antiparasitaires.

Le souci a par ailleurs une action hypotensive : Michel Pierre indique même qu'il « lutte contre l'hypertension de façon durable[32] ». Enfin, c'est une plante qui agit sur la sphère hépatique : elle stimule l'activité du foie ainsi que la sécrétion de la bile. On l'utilise par exemple dans les cas de congestion du foie.

Le Dr Valnet la recommande enfin dans les cas de cancer, notamment pour les cancers de l'utérus et de l'estomac[33]. Dans cette situation, il conseille 5 tasses par jour de décoction, à raison de 30 grammes de fleurs et feuilles par litre d'eau. Pour les autres situations, il conseille la teinture à raison de 2 à 4 grammes par jour, ou encore l'infusion : 1 cuillérée à dessert dans 1 tasse d'eau bouillante, infuser 10 minutes. Prendre 1 tasse avant les repas. Et il précise que, pour les phénomènes menstruels, il convient de prendre la tisane 1 semaine avant les règles.

Enfin, un mot sur les éventuelles contre-indications à l'usage du souci. Du fait de son action hormonale, le calendula est déconseillé, par voie interne, aux femmes enceintes ou en période d'allaitement. Par ailleurs, Michel Pierre indique la précaution d'emploi suivante : « En application cutanée, risque d'allergie chez les personnes sensibles aux Astéracées[34]. »

Et pour terminer ce chapitre sur les usages médicinaux du souci, un dernier usage : l'élixir floral ! Vous avez peut-être déjà entendu parler des fleurs de Bach, ces élixirs floraux mis au point par Edward Bach au début du XXe siècle, à partir de 38 plantes. Les élixirs floraux agissent sur les

---

32. Pierre Michel, Lis Michel, *Au bonheur des plantes*, Éd. le Pré aux Clercs, 1992, p. 291.
33. Valnet Jean, *Phytothérapie. Traitement des maladies par les plantes*, Maloine/le Livre de poche pratique, 1996, p. 477.
34. Pierre Michel, *Les Plantes du bien-être*, *op. cit.*, p. 85.

émotions, les humeurs. Et les fleurs de Bach ne sont pas les seuls élixirs floraux, on en a fabriqué à partir d'autres plantes que celles utilisées par Edward Bach. En particulier, il existe un élixir floral de calendula, que l'on emploie pour faciliter la communication verbale, la rendre plus harmonieuse et apaisée. Il aide à mieux écouter, et aussi à s'exprimer avec respect. D'une manière générale, avant de prendre un élixir floral, il est recommandé de prendre conseil auprès d'une personne qui les connaît bien et qui pourra vous indiquer celui qui vous correspondra le mieux.

Hildegarde de Bingen

Nous l'avons dit, Hildegarde de Bingen, moniale du XIIe siècle, mentionne le calendula dans ses écrits sous le joli nom de *Ringula*.
Elle le recommande contre les poisons, avec un mode d'emploi qui nous surprend aujourd'hui : « Si on a absorbé du poison, faire cuire du calendula dans de l'eau, rejeter l'eau et placer le résidu, chaud, sur l'estomac : le poison perd ainsi sa vigueur et se trouve rejeté. Il faut ensuite faire chauffer du bon vin, y ajouter une bonne quantité de calendula, faire à nouveau chauffer et, puisqu'on a bu du poison, boire ce vin tiède : on rejettera ainsi le poison par le nez, sous forme d'écume*. »
Elle conseille l'usage du suc frais contre les empoisonnements digestifs des bœufs et moutons. Elle donne ensuite, contre la « gale sur la tête », une recette d'une sorte de baume à partir de lard et de calendula. Enfin, elle indique le calendula contre les « ulcérations sur la tête », que nous appellerions aujourd'hui « impétigo ». Il faut en ce cas préparer une bouillie à partir de suc de feuilles et fleurs de la plante, d'un peu d'eau, et de la farine de blé ou de seigle. Il convient d'appliquer la bouillie sur toute la tête, couvrir avec un linge, et laisser jusqu'à ce que la bouillie se fendille. On peut alors la retirer, et recommencer avec une nouvelle bouillie, et ainsi de suite pendant neuf jours. Elle précise enfin : « Et, chaque fois qu'il enlève la bouillie de sa tête, qu'il se lave avec une lessive de calendula, qu'il aura tenue prête, et ainsi il guérira**. »

* Bingen Hildegarde de, *Le Livre des subtilités des créatures divines*, Éd. Jérôme Millon, 1988, p. 141.

** *Ibid.*, p. 142.

Maria Treben

Dans son livre *Ces plantes qui guérissent*, Maria Treben présente 35 plantes médicinales, puis une liste de maladies avec, pour chacune, des propositions de soins par les plantes. Et la plante qu'elle cite le plus souvent est... le souci ! Juste devant la prêle. Suivent l'ortie et l'achillée.

Selon les maladies, elle conseille parfois l'application de suc frais de la plante (par exemple sur des taches sur le visage), parfois la tisane (par voie interne ou en lotion), parfois des bains (par exemple des bains de siège en cas de mycoses vaginales), parfois aussi la teinture (sur les plaies, teinture préparée avec de l'alcool à 38-40 ° puis diluée avec le même volume d'eau pour les compresses). Elle recommande souvent l'application d'une pommade, dont voici la recette :

« On fait chauffer dans une poêle 250 grammes de saindoux fin dans lequel on jette une bonne poignée de fleurs, de feuilles et de tiges de souci des champs. On laisse mousser un peu, on remue bien et on retire la poêle du feu. On couvre et on laisse refroidir toute une nuit. Le lendemain, on réchauffe, on fait passer à travers un linge propre, en pressant bien les plantes restant dans le linge, et on verse la pommade ainsi obtenue dans de petits flacons qui ferment bien*. »

Une remarque : bien que la recette mentionne le souci des champs, il nous semble qu'en fait c'est le souci officinal que Maria Treben utilisait. En effet, au début du livre, le souci est présenté comme « souci des champs » avec pour nom latin *Calendula officinalis*. Maria Treben indique de plus au sujet de la plante qu'« on la cultive dans les jardins, mais on la trouve aussi dans les cimetières et à l'état sauvage sur les remblais** », deux endroits où elle peut tout à fait être subspontanée. Mais après tout, peu importe... la recette fonctionne certainement aussi bien avec le souci des jardins qu'avec le souci des vignes !

* Treben Maria, *Ces plantes qui guérissent*, Éd. du Rocher, 1987, p. 35.

** *Ibid.*, p. 24.

La tisane des cinq fleurs

On l'a vu, le souci a des vertus sudorifiques et plus généralement dépuratives. Ses qualités dépuratives ont été mises à profit en association avec d'autres plantes. Le Dr Henri Leclerc (1870-1955) et le Dr Jean Valnet (1920-1995), tous deux médecins phytothérapeutes du XXe siècle, proposent une recette de « tisane des cinq fleurs » utilisant, entre autres fleurs, celles du calendula.

Dans son *Précis de Phytothérapie*, le Dr Leclerc indique : « Dans les maladies infectieuses, surtout dans les fièvres éruptives où la première indication est d'augmenter le débit de l'urine et de la sueur, je me suis toujours trouvé bien de prescrire une infusion diurétique et diaphorétique que j'appelle "la tisane des cinq fleurs" et dont voici la composition :

Fleurs de lavande	10 grammes
Fleurs de souci	5 grammes
Fleurs de bourrache	5 grammes
Fleurs de genêt	5 grammes
Fleurs de pensée sauvage	5 grammes

Une cuillérée à soupe pour une tasse d'eau bouillante, laisser infuser 10 minutes ; de 3 à 4 tasses par jour*. »

Un peu plus tard, le Dr Valnet conseille lui aussi cette même formule, qu'il présente dans son ouvrage *Phytothérapie***.

* Leclerc Henri, *Précis de phytothérapie*, Masson, 1976, p. 205.

** Valnet Jean, *Phytothérapie*, Maloine/Le Livre de poche pratique 1972, p. 185.

Pensée.

Bourrache.

À Cuba

Suite à l'embargo occidental qui a privé Cuba, entre autres, de nourriture et de médicaments, les habitants se sont organisés sans ces importations. Des potagers urbains ont fleuri un peu partout, et la médecine s'est davantage tournée vers les plantes. Le souci officinal y est cultivé (ainsi qu'ailleurs en Amérique du Nord). On peut lire dans le *Manifeste gourmand des herbes folles*, à ce sujet : « Parmi les salades favorites, il y a l'association de la *maravilla* et du *llantén*, qui ne sont rien d'autre que le calendula et le plantain. Les fleurs de *Calendula* sont aussi séchées pour remplacer la cannelle, indisponible. Ce mélange associé à la *sabila*, l'aloe vera, sert de crème après-solaire. Mais, surtout, cette médecine des pauvres nous ouvre des pistes pour les maladies orphelines qui ne sont pas rentables pour les laboratoires. La *tristesa*, la maladie de Lyme, transmise par les tiques à la saison sèche, incurable par notre médecine, y est soignée par un mélange de cardère des oiseaux, chardon béni et calendula*. »
Peut-être une piste à explorer ?

* Ubarrechena Diana, Oxley George, Ducerf Gérard, *Manifeste gourmand des herbes folles*, *op. cit.*, p. 225.

Cahier pratique

Que ce soit pour se soigner ou dans le domaine de la cosmétique, il est assez simple de fabriquer soi-même différents produits à base de calendula.

Nous vous proposons des recettes nécessitant peu d'ingrédients, et pas de matériel sophistiqué. Nous vous souhaitons beaucoup de plaisir dans la réalisation, puis l'utilisation, de vos produits faits maison !

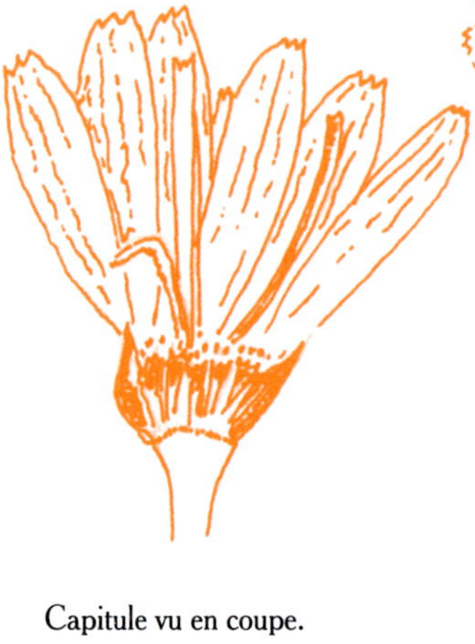

Capitule vu en coupe.

Capitule vu du dessous.
On peut observer les bractées.

1 : fleur centrale (× 3) ;
2 : fleur ligulée (× 3).

Fleur centrale tubulée.

Séchage des plantes

En herboristerie, lorsqu'on utilise du calendula dans une tisane, ce sont traditionnellement les « pétales » de la « fleur » que l'on prend (c'est-à-dire les fleurs ligulées, sur le pourtour du capitule). Il est très simple de les récolter et de les faire sécher : ainsi ils se conserveront.
Puisque vous allez faire sécher vos plantes, vous avez intérêt à les récolter déjà par temps sec : des plantes mouillées ou même humides auront plus de mal à sécher. Cette précaution prise, il vous suffit de récolter vos « pétales », de les disposer par exemple sur un linge propre que vous poserez sur une grille, dans un lieu ombragé et aéré. Le séchage est très rapide. Ensuite, conservez la plante dans un sac en papier ou dans une boîte (par exemple une boîte en métal), à température ambiante et à l'abri de la lumière.
Cependant, pour nombre de préparations, il peut être plus intéressant de prendre non seulement les « pétales », mais les « fleurs » entières : les capitules. C'est vrai notamment si vous souhaitez réaliser une macération huileuse ou alcoolique (teinture) avec la plante, à visée thérapeutique. Mais évidemment, il est plus difficile de faire sécher les capitules entiers, beaucoup plus épais ! Procédez de la même façon que ci-dessus. Venez régulièrement remuer les plantes. Pour faciliter le séchage, vous pouvez ouvrir les capitules en deux. Lorsque vous pensez que vos plantes sont sèches, vérifiez bien en ouvrant un capitule pour voir s'il est vraiment sec à cœur.
Avec les fleurs séchées, vous pourrez réaliser des macérations huileuses et alcooliques, mais aussi tout simplement une infusion, à utiliser par voie interne ou par voie externe pour des lotions, compresses ou bains.

> On dit dans le Vercors que « pour cicatriser les plaies, le souci doit être cueilli en plein soleil, à midi[35] ».

---

35. CPIE Vercors, *Des hommes et des plantes*, édité par le Parc naturel du Vercors, juin 1993, p. 17.

Huile au calendula

Pour la cosmétique, c'est principalement sous forme d'huile de macération que le souci est utilisé. L'huile au calendula a également de réelles vertus thérapeutiques, nous l'avons vu. Elle peut être utilisée telle quelle, mais on peut aussi en fabriquer toutes sortes de baumes et crèmes… en l'associant à d'autres ingrédients.

Vous pouvez trouver dans le commerce de l'huile au calendula, encore appelée « macérat huileux de calendula », mais il est relativement simple de la préparer vous-même. Pour les huiles infusées aux plantes, on utilise habituellement des huiles qui résistent bien au rancissement, comme l'huile d'olive ou l'huile de tournesol, qui ont en plus l'avantage d'être locales. Si vous vous voulez utiliser une autre huile, à moins d'être sûr d'utiliser votre préparation rapidement, assurez-vous quand même de sa stabilité dans le temps : ce serait dommage de voir votre huile rancir en quelques semaines ! Comment choisir ? C'est une question de préférence personnelle : selon les huiles, l'odeur, la texture, la qualité de la pénétration dans la peau, la sensation sur la peau, varient. Enfin, un petit rappel de bon sens : quel que soit votre choix, prenez une huile de première pression à froid, et de qualité biologique ! En effet, nombre de produits chimiques et autres pesticides sont liposolubles, autrement dit se dissolvent dans les lipides. Or l'huile est un lipide, elle va donc les stocker : si vous ne voulez pas étaler sur votre peau des produits « tête de mort », alors… choisissez une huile bio.

Il vous faut également un bocal, bien propre et bien sec : c'est important, car la présence d'eau dans l'huile peut poser des problèmes. Il ne suffit donc pas, après avoir lavé votre bocal, de l'essuyer avec un torchon. Il est conseillé de le laisser sécher au soleil ou, à défaut, de le passer quelques minutes au four chaud.

Habituellement, ce sont les fleurs fraîches que l'on utilise, mais les plantes sèches peuvent aussi

être utilisées (voir encadré « À partir de plantes sèches » p. 61). Toujours pour éviter la présence d'eau dans l'huile de macération, on les cueille par temps sec, et après évaporation de la rosée. On cueille les capitules lorsqu'ils sont ouverts, de préférence en début de floraison. Nous pensons qu'il est plus intéressant d'utiliser les capitules entiers, plutôt que les fleurs ligulées seules (les « pétales ») : en effet le capitule contient davantage de composés et la macération sera plus riche. Il est possible aussi de mettre des feuilles dans la préparation, par exemple de cueillir le haut de la tige avec quelques feuilles et le capitule épanoui. La cueillette peut se faire à la main ou avec un sécateur. Bien entendu, on ne lave pas les plantes ! Habituellement, on conseille de les faire sécher 12 à 24 heures, voire 48 heures, avant de les mettre dans l'huile, pour s'assurer que l'humidité s'est bien évaporée. Le séchage sera facilité si on ouvre les capitules en deux. Pour le séchage, une astuce consiste à déposer les plantes sur un torchon, que vous remplacerez s'il devient humide.

Une fois que vos fleurs fraîches ne contiennent plus d'humidité, vous pouvez les mettre dans votre bocal. On conseille habituellement d'utiliser 300 grammes de plante fraîche pour 1 litre d'huile. Si vous essayez, vous verrez que cela fait beaucoup de plantes ! Une productrice nous a indiqué que c'est le dosage qu'elle respecte, mais que pour réussir à faire tenir toutes ces plantes dans l'huile, elle coupe les capitules en deux. Vous pouvez aussi faire votre préparation sans peser : une fois que vous avez mis toutes les fleurs dans le bocal, il suffit de verser l'huile jusqu'à couvrir les plantes. Quand les plantes sont dans l'huile, prenez une baguette bien propre pour remuer doucement, de façon à faire remonter les poches d'air qui ont pu se former.

Ensuite, plusieurs possibilités s'offrent à vous pour la macération. Traditionnellement, on fait macérer les plantes au soleil. C'est la méthode qu'utilisent les producteurs avec lesquels nous avons pu échanger. En effet, la chaleur facilite l'extraction de principes actifs. Cependant cela demande un suivi : la chaleur crée une condensation dans le bocal, et il faut donc essuyer soigneusement le couvercle et si besoin le haut du bocal pour évacuer cette eau. C'est surtout vrai au début de la macération. Pour éviter cela, certains préfèrent laisser le bocal dans un placard : la macération se fait donc dans l'obscurité, et à température ambiante. D'autres le mettent à la lumière, mais pas en plein soleil : une surveillance de la condensation reste nécessaire, mais il s'en forme moins. C'est ainsi que nous avons procédé. D'autres encore, craignant la destruction de principes actifs de la plante par les UV, préfèrent mettre le bocal dans un sac en papier épais, afin de le protéger de la lumière, et placer le bocal entouré de ce sac au soleil afin de bénéficier de sa chaleur.

Si vous optez pour une macération dans l'obscurité et à température ambiante, vous pouvez fermer votre bocal. Dans tous les autres cas, c'est à éviter : en effet, il faut permettre à l'humidité de sortir.

Quel que soit votre choix, la macération devra durer au moins 3 semaines, mais vous pouvez la prolonger si vous le souhaitez. En particulier, pour une macération dans l'obscurité et à température ambiante (placard), l'idéal est de pousser jusqu'à 6 semaines.

Après ce temps, on filtre l'huile : avec une passoire ou avec une étamine, ou tout simplement avec un torchon propre. Il est intéressant de presser légèrement les plantes pour en retirer l'huile, concentrée en principes actifs ! Attention, si vous pressez trop, vous risquez d'obtenir de l'eau qui était contenue dans les plantes. Après filtrage, laissez décanter une journée pour que l'eau se dépose au fond du récipient. Puis vous pouvez prélever l'huile et la verser dans un bocal ou une bouteille, là encore propres et bien secs, mais surtout sans le résidu d'eau. Vous pouvez maintenant fermer, et étiqueter votre préparation. Il vous restera un peu d'huile et d'eau dans le récipient de décantation. L'huile ne se gardera pas longtemps, mais ce serait dommage de la jeter ! Vous pouvez par exemple l'utiliser rapidement en huile de soin pour le corps ou le visage, ou l'intégrer à la préparation d'une crème, dans laquelle on émulsionne justement de l'huile et de l'eau (voir p. 64). Quant aux plantes, elles iront au compost.

L'idéal est de stocker vos huiles infusées de plantes dans l'obscurité. À température ambiante, elles pourront se conserver jusqu'à 2 ans, voire plus longtemps. La conservation sera facilitée si vous conditionnez votre huile dans des petits flacons bien remplis, plutôt que dans une grande bouteille qui ne serait pas remplie (ce qui favoriserait l'oxydation de son contenu). Pour une bonne conservation, il est également préférable d'ouvrir les flacons le moins possible.
Si un jour, en ouvrant vos flacons, vous sentez une odeur de rance, alors vous pouvez jeter votre huile et en préparer une nouvelle. Il vaut mieux préparer un stock d'huile raisonnable et le renouveler tous les deux ans, voire tous les ans, plutôt que de vouloir en faire trop !

Sur le visage

De nombreuses personnes n'aiment pas la sensation de gras que laisse l'application d'une huile sur la peau, notamment sur le visage. C'est d'ailleurs pour cela que les crèmes, moins grasses, sont davantage utilisées. Une astuce consiste à appliquer d'abord sur le visage, avec une compresse ou un vaporisateur, un liquide aqueux comme par exemple une eau florale (ou tout simplement de l'eau). Appliquez ensuite votre huile, un tout petit peu, en massant bien le visage. Non seulement vous éviterez cette sensation de gras, mais vous utiliserez aussi moins d'huile.

Huile au calendula express

Si vous avez besoin d'huile au calendula rapidement, ne vous précipitez pas au magasin ! Vous pouvez aussi en fabriquer comme indiqué ci-après. Vous obtiendrez une huile un peu moins riche, mais tout à fait intéressante quand même !
Pour cela, après avoir cueilli et préparé le souci comme indiqué précédemment, versez l'huile sur les fleurs, et mettez le tout au bain-marie, pendant une demi-heure à une heure. L'idéal est que la température de l'huile ne dépasse pas 37 °C. Il faut donc que le feu soit tout doux !

Bouton floral de souci à l'ouverture. De l'extérieur vers le centre : feuilles (vertes), sépales (verts), pétales ligulés (jaunes ou orange, encore fermés) et fleurs tubulées (jaunes, orange ou pourpres).

Huile composée et double macération

Nous vous avons présenté une recette de macérat huileux de calendula, mais vous pouvez associer d'autres plantes au calendula pendant la macération dans l'huile : mettez vos différentes plantes dans le bocal, couvrez d'huile et procédez comme indiqué dans la recette. Vous obtiendrez un macérat composé, associant les vertus des plantes que vous aurez choisies.

Il est également possible, une fois votre macérat filtré, de le verser à nouveau sur des plantes fraîches et de faire une deuxième macération dans la même huile. Si vous faites deux macérations de la même plante fraîche, par exemple deux macérations sur du calendula, vous obtiendrez un macérat particulièrement concentré. Vous pouvez aussi le verser sur une autre plante afin de combiner les effets des deux plantes.

À partir de plantes sèches

Il est aussi possible d'obtenir une huile infusée à partir de plantes sèches. Cela évite tout problème d'humidité, et c'est ce que recommandent plusieurs auteurs, du moins pour le calendula. Pour cela, il faut donc préalablement faire sécher les capitules. Là aussi on les cueille par temps sec, mais au lieu de faire un « préséchage » d'une ou deux journées, on fait complètement sécher la plante. Comme les capitules sont épais, cela prendra plusieurs jours.
Ensuite, après avoir versé l'huile sur les plantes sèches, vérifiez le lendemain son niveau. En effet, il est possible que les plantes aient absorbé de l'huile, auquel cas il faudra en ajouter. Ensuite, procédez comme avec des plantes fraîches. Vous pourrez par contre presser fortement les plantes après la macération au moment de filtrer : en effet, si vous avez bien séché vos plantes, elles ne devraient pas contenir d'eau. Veillez quand même à faire décanter votre préparation après filtration, pour éliminer toute eau résiduelle après la macération.
Ce procédé est adapté au calendula et à la plupart des plantes, mais certains herboristes le déconseillent pour quelques plantes comme l'arnica ou le millepertuis.

Onguent et crème au calendula

L'huile au calendula peut servir de base à la préparation d'autres produits, comme des onguents et des crèmes. C'est parfois plus pratique d'utilisation, en voyage par exemple, d'avoir un pot d'onguent ou de crème plutôt qu'un flacon d'huile.
Quelle est la différence entre baumes, onguents et crèmes ? Dans tous les cas, ce sont des préparations que l'on étale sur la peau. Baumes et onguents sont des préparations grasses à base d'huile et souvent de cire d'abeille, avec parfois des résines. Ils se conservent bien. Ils sont plus ou moins durs selon la proportion de cire par rapport à l'huile. Habituellement, on réserve le terme de baume aux préparations contenant des principes aromatiques et volatiles, comme par exemple le baume du tigre. L'onguent, lui, a une odeur plus légère. Mais les deux sont quand même très proches.

La crème, quant à elle, est obtenue grâce à une émulsion entre un corps gras (huile + cire d'abeille) et un corps aqueux, par exemple une eau florale. Elle est donc moins grasse et pénètre mieux dans la peau. Elle se conserve moins longtemps, et est un peu plus délicate à réaliser.

Onguent au calendula

Pour préparer un onguent au calendula, il vous faut donc de l'huile au calendula et de la cire d'abeille. Et, en option, quelques gouttes d'huile essentielle. On peut trouver des recettes plus élaborées, mais celle qui suit donne déjà de très bons résultats.
Pour 100 millilitres de macérat huileux, comptez 20 grammes de cire d'abeille. Coupez votre cire d'abeille en petits morceaux et mettez-les dans l'huile. Faites chauffer doucement le tout au bain-marie, jusqu'à ce que la cire soit fondue. L'idéal est quand même de chauffer l'huile le moins possible : pour cela, veillez à ce que vos morceaux de cire soient petits, et mélangez de temps en temps pour accélérer la fonte de la cire dans l'huile. Vous pouvez vous arrêter là, et verser le mélange dans des petits pots propres et secs : en refroidissant, le mélange se solidifiera et vous obtiendrez un bel onguent. Après refroidissement, mettez le couvercle et étiquetez vos pots.
Vous pouvez également ajouter une dizaine de gouttes d'huile essentielle à votre mélange. Pour cela, une fois que la cire est fondue, laissez tiédir l'ensemble. Ajoutez l'huile essentielle, mélangez, puis mettez en pots comme indiqué ci-dessus. Pour l'huile essentielle, vous avez le choix ! Cela peut être de la lavande officinale, antiseptique et calmante ; de la gaulthérie ou wintergreen, qui a une action anti-inflammatoire ; de l'hélichryse italienne, souveraine contre les coups ; du géranium rosat, excellent pour la peau, cicatrisant et anti-inflammatoire ; et bien d'autres, selon l'effet recherché.
Si vous voulez un onguent plus ferme, augmentez la proportion de cire d'abeille ; si vous le voulez plus tendre, diminuez-la.

Il existe d'autres recettes d'onguents ou baumes, dans lesquelles, par exemple, on remplace une partie de la cire d'abeille par du beurre de

karité ou de l'huile de coco (par exemple, pour 100 grammes de macérat, 10 grammes de cire d'abeille et 10 grammes de karité ou coco). Le résultat est très agréable également.
Rien ne vous empêche, enfin, de mélanger différentes huiles : par exemple, un mélange de macérat huileux de calendula et de millepertuis donnera un baume bien adapté pour les brûlures, coups de soleil ou érythèmes fessiers des bébés. N'oubliez pas cependant que le millepertuis est photosensibilisant : il ne faut surtout pas retourner au soleil après en avoir mis sur la peau.

Recette de pommade d'après Fournier*

Pour préparer une pommade, Fournier conseille tout simplement de mêler 4 à 6 grammes de suc frais de la plante à 600 grammes de beurre, ou à de la graisse.
* Fournier P., *Le Livre des plantes médicinales et vénéneuses de France*, *op. cit.*, p. 451.

Crème au calendula

Voyons maintenant la préparation de la crème. Nous vous proposons une adaptation de la recette du cérat de Galien, attribuée à ce médecin de l'Antiquité. Cette recette présente l'avantage d'utiliser très peu d'ingrédients, faciles à trouver. Pas besoin non plus de matériel de laboratoire, on peut la réaliser chez soi. La recette habituelle contient de l'huile d'amande douce, de la cire d'abeille, de l'eau florale de rose et du borate de sodium. Nous remplacerons l'huile d'amande douce par notre macérat huileux au calendula. Nous n'utiliserons pas de borate de sodium, considéré comme cancérigène. Il joue un rôle de conservateur : nous le remplacerons par une huile essentielle et de l'extrait de pépin de pamplemousse.

Pour 50 millilitres d'huile au calendula, prévoyez 30 millilitres d'eau florale de rose, 10 grammes de cire d'abeille, 1 goutte d'extrait de pépin de pamplemousse et 5 à 10 gouttes d'huile essentielle (par exemple de la lavande vraie ou du géranium rosat, deux plantes indiquées pour les soins de la peau).
Mettez l'eau de rose dans un verre, ou un autre récipient qui verse bien, et ajoutez-y une goutte d'extrait de pépin de pamplemousse. Dans un bol, préparez l'huile avec la cire d'abeille coupée en petits morceaux. Mettez l'huile et la cire à chauffer au bain-marie, jusqu'à ce que la cire soit fondue. Pour cela, vous pouvez tout simplement poser le bol dans une casserole dans laquelle vous aurez mis de l'eau, puis faire chauffer à feu doux en remuant de temps en temps. Une fois la cire fondue, sortez le bol du bain-marie et laissez refroidir. Continuez à remuer pour éviter la formation de grumeaux, jusqu'à ce que le mélange soit tiède. Ajoutez alors l'huile essentielle. Ensuite, versez peu à peu l'eau de rose dans le mélange huileux, tout en remuant avec un petit fouet. C'est à ce moment-là que se fait l'émulsion. C'est le moment critique ! Pour réussir votre crème, veillez à ce que la préparation huileuse ait suffisamment refroidi, et veillez aussi à verser tout doucement la préparation aqueuse en remuant en même temps. Si la différence de température est trop importante entre les deux préparations, ou si vous versez l'eau de rose trop vite sans avoir le temps de mélanger, vous pouvez rater l'émulsion. Mais pas de panique, prenez votre temps, ça fonctionne très bien !
Mettez ensuite votre crème dans un petit pot, fermé et étiqueté.
La crème étant un mélange d'eau et d'huile, elle se conservera moins longtemps qu'un onguent. Avec l'extrait de pépin de pamplemousse et l'huile essentielle, vous pourrez quand même la conserver quelques mois. Cependant, inutile d'en préparer de trop grandes quantités : mieux vaut en refaire de temps en temps, pour éviter qu'elle ne s'abîme avec le temps. Vous pouvez également, précaution supplémentaire, conserver votre crème au frigo (au moins les pots non entamés, si vous en avez préparé plusieurs).

Bien entendu, cette recette de base peut être modifiée de diverses façons : vous pouvez par exemple utiliser une autre eau florale que l'eau de rose : hamamélis, camomille, lavande, plantain… Ou, pourquoi pas, un mélange. Une remarque à ce sujet : certaines eaux florales sont plus fragiles et plus susceptibles d'être contaminées par des bactéries que d'autres. C'est le cas de l'eau de rose. Votre crème se conservera donc mieux si vous choisissez, par exemple, une eau florale de lavande ou de romarin. Vous pouvez également choisir d'autres huiles essentielles (voir p. 62 la recette de l'onguent) ou, là encore, un mélange. Et, bien sûr, d'autres huiles ! Dans un livre sur le calendula, nous nous devions de vous présenter cette recette avec un macérat huileux de calendula, qui convient particulièrement bien à la préparation d'une crème pour la peau. Mais rien ne vous empêche de prendre un autre macérat huileux, une autre huile, ou, là aussi, un mélange. Bref, personnalisez !

Que vous ayez préparé un onguent ou une crème au calendula, vous pourrez l'utiliser quotidiennement : en soin de beauté pour le visage ou pour le corps, comme soin après-rasage pour Monsieur ou après-épilation pour Madame. Mais aussi pour toutes les indications médicinales de l'huile de calendula : sur les rougeurs, démangeaisons et irritations de la peau, sur les érythèmes fessiers des bébés, les petites brûlures ou coups de soleil, sur les crevasses et petites blessures…

Une crème minute

La crème est une émulsion entre une huile et une eau, nous l'avons vu. Si vous voulez une crème toute simple et sans aucun conservateur, vous pouvez la préparer rapidement pour un usage quotidien. Une astuce donnée par Annie-Jeanne dans son livre *L'Autonomie au quotidien**…
Choisissez tout d'abord une huile, macérat huileux de calendula ou autre. Choisissez également une eau : cela peut être une eau florale, ou juste un peu d'eau toute simple, ou encore un peu de thé ou d'infusion. Versez dans une main quelques gouttes d'huile, et le double d'eau. Avec l'index de l'autre main, mélangez bien le tout pour émulsionner votre crème. Voilà, c'est prêt !

Il vous reste à l'appliquer sur votre visage. Avec cette recette, vous pouvez même changer de crème tous les jours, selon votre humeur, en variant l'huile et l'eau.
* Bertrand Annie-Jeanne, *L'Autonomie au quotidien. Cahier pratique*, Terran, 2012, p. 217.

Liniment oléocalcaire

Le liniment oléocalcaire est un produit fréquemment utilisé pour nettoyer les fesses des bébés lorsqu'on les change. C'est un produit très doux. On peut en trouver dans le commerce, mais il est tellement facile de le préparer soi-même que c'est presque dommage de l'acheter ! Lorsque mes enfants étaient bébés*, j'allais dans une pharmacie acheter de l'eau de chaux. J'apportais une petite bouteille en verre que la pharmacienne remplissait. Puis, de retour à la maison, je versais dans une plus grande bouteille moitié eau de chaux et moitié huile d'olive. Il ne restait plus qu'à fermer la bouteille et secouer vigoureusement pour mélanger le tout. Au bout d'un moment, le mélange changeait d'aspect, mon liniment était prêt. En quelques minutes.
Si j'ai eu envie de partager avec vous cette recette dans un livre sur le calendula, c'est que vous pouvez faire un liniment oléocalcaire au calendula : au lieu d'utiliser simplement de l'huile d'olive, il vous suffit de la remplacer par un macérat huileux de calendula dans de l'huile d'olive. Et voilà ! Pour varier, vous pouvez aussi mettre de l'huile au millepertuis, ou encore un mélange des deux macérats. Voilà aussi une idée de cadeau à offrir à de jeunes parents !
* C'est Éliane qui parle.

Idées cadeaux

De jolis petits pots de crème ou d'onguent que vous aurez préparés vous-mêmes font des cadeaux en général très appréciés ! Un produit fait maison et entièrement naturel, que vous pourrez personnaliser pour vos amis ou votre famille, en choisissant des huiles ou macérats huileux, huiles essentielles et eaux florales adaptés.

Teinture de calendula

Pour terminer ce cahier pratique, nous nous éloignons un peu de la cosmétique et des produits à base d'huile pour aborder la macération dans l'alcool, c'est-à-dire la teinture. Très utile pour désinfecter des plaies et aider à la cicatrisation, très utile aussi pour toutes sortes d'affections cutanées, c'est un produit à avoir chez soi ! Là encore, en peut le trouver dans le commerce, mais il est vraiment simple de le préparer soi-même.

On peut préparer une teinture à partir de plantes fraîches ou sèches. Dans le cas du calendula, les deux sont possibles et donnent de bons résultats.

L'alcool et l'eau sont de très bons solvants. Quel que soit l'alcool que vous choisirez, il y aura forcément de l'eau aussi : en effet, dans un alcool par exemple à 45 °, il y a 45 parties d'alcool pour 55 parties d'eau. Choisissez un alcool titré à 40 ° minimum. Si vous avez accès à de l'alcool à 96 °, vous pouvez aussi l'utiliser, et bien entendu tous les intermédiaires sont possibles. Plus la plante est fraîche, et donc gorgée d'eau, plus, en théorie, il vaut mieux prendre un alcool fort (donc avec moins d'eau). Vous pouvez aussi faire un préséchage de vos plantes fraîches avant de les mettre dans l'alcool.

En herboristerie familiale, on obtient déjà de très bons produits avec un alcool entre 40 ° et 50 °. Vous pouvez choisir un alcool de fruit, ou un alcool de consommation, comme par exemple du rhum ou du marc.

Cueillez les capitules de souci en début de floraison, de préférence pendant l'été.

Mettez vos plantes dans un bocal, couvrez d'alcool, remuez puis fermez votre bocal. Pensez à noter la date dessus. Laissez macérer dans la maison, à température ambiante mais pas au soleil. Au bout de 2 à 3 semaines, vous pouvez filtrer votre préparation, en pressant bien les plantes. Il vous reste à mettre en bouteille et étiqueter. Les teintures se conservent très bien plusieurs années. L'idéal est de les stocker à l'abri de la lumière, en bouteille bien fermée.

La teinture peut être utilisée par voie interne (quelques gouttes dans de l'eau) ou par voie externe. Pour préparer des compresses, comme déjà évoqué, il conviendra de la diluer.

Et si vous mangiez vos soucis ?

« Les feuilles sont saines en salade et dans les bouillons », peut-on lire au sujet du calendula dans un livre paru au XVIIIe siècle[36].

Les carotènes

Ces pigments orangés donnent aux fleurs leur belle couleur, et sont intéressants pour la santé : notre organisme transforme les carotènes en vitamine A. En effet, cette vitamine participe à la croissance des os, à la santé de la peau et des muqueuses, au bon fonctionnement du système immunitaire, et est indispensable pour la vision, en particulier dans l'obscurité. Les carotènes jouent également le rôle d'antioxydant dans l'organisme.

On trouve des carotènes… dans les carottes, vous l'avez deviné ! Mais pas seulement : les fruits et légumes de couleur orange en contiennent, comme la patate douce, le melon, l'abricot, le potiron et autres courges, l'orange, le poivron, la tomate… Parmi les fruits sauvages, le cynorrhodon est particulièrement riche en carotènes, l'argouse en contient aussi. On en trouve également dans des légumes verts comme les salades, les choux, les épinards, ainsi que dans de nombreuses plantes sauvages comme les feuilles de pissenlit, d'oseille, de chénopode blanc et bon-Henri, d'ortie, d'amarante, de mauve, de pourpier… Et pour finir, n'oublions pas la spiruline, qui en contient de grandes quantités !

En cuisine, les « pétales » des fleurs de souci peuvent s'inviter dans nombre de plats ! Ils apportent de la couleur, ainsi que, sur le plan nutritionnel, des carotènes (voir encadré ci-dessus). Les feuilles sont comestibles elles aussi, à condition d'être utilisées jeunes, car elles prennent ensuite une saveur très aromatique. Mais rien n'empêche d'ajouter de jeunes feuilles de calendula ciselées dans une salade. Enfin, les boutons peuvent être confits au vinaigre, à la manière des câpres.

---

36. Bauhin Gaspard, *Histoire des plantes de l'Europe*, *op. cit.*, p. 503.

On lit dans la littérature sur les plantes comestibles que le souci a servi à colorer le beurre.
Comme en atteste Matthiole, on parsemait des pétales de calendula sur les salades au XVIe siècle. On peut aussi les disposer sur d'autres plats, juste avant de servir : gaspachos et autres soupes chaudes ou froides, riz, pâtes, entremets…
Nous vous proposons ci-après quelques idées de recettes utilisant les pétales de calendula, ainsi qu'une recette de boutons préparés au vinaigre.

« Pétale » coloré de souci.

Câpres de calendula

Les boutons de fleurs de souci, comme d'autres boutons floraux, peuvent être préparés au vinaigre à la manière des câpres. Il suffit de les cueillir, de les mettre dans un bocal, de couvrir de vinaigre (nous avons utilisé du vinaigre balsamique, mais vous pouvez choisir un autre vinaigre). Laissez macérer au moins un mois, voire plusieurs mois, puis dégustez comme des câpres.

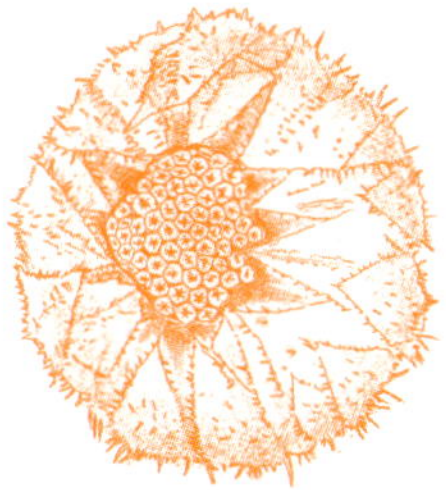

Bouton floral de souci.

Poudre de fleurs de souci

Des « pétales » de souci séchés, comme ceux qui sont utilisés en herboristerie, peuvent être mis en poudre pour être ensuite employés en cuisine. Pour cela, vous pouvez par exemple utiliser un petit hachoir de cuisine, ou encore un moulin à café. Si vous avez des difficultés, c'est peut-être que votre hachoir ou moulin n'est pas assez rempli : en ce cas, essayez d'ajouter des plantes. Il est possible aussi que vos plantes ne soient pas assez sèches pour être réduites en poudre facilement : pour faciliter l'opération, vous pouvez les « surſécher ». Une technique pour cela consiste à mettre un plat vide dans le four chaud puis, lorsque le plat

est lui-même bien chaud, le sortir du four et y déposer vos « pétales » de souci. Après quelques minutes, ils seront plus secs et la pulvérisation sera plus facile.
Et ensuite, que faire avec cette poudre ? Vous pouvez l'ajouter à du riz, des pâtes, une omelette, des pommes de terre, ou autres…
Vous pouvez également préparer un mélange à saupoudrer sur vos plats, en associant le souci à d'autres plantes séchées et en pulvérisant le tout : thym, sauge, sarriette, romarin, origan… selon ce que vous avez dans votre jardin. Ou, pourquoi pas, cumin, anis, fenouil, poivre, etc. Pour cela, mélangez les plantes et épices que vous aurez choisies et que vous aurez d'abord grossièrement hachées, puis passez le mélange dans un hachoir électrique. Pour conserver votre mélange en poudre, mettez-le dans un pot ou un bocal bien fermé (à l'abri de l'humidité).

Salades en tout genre

On l'a dit, les pétales de calendula peuvent être parsemés sur une salade. Une salade verte, bien sûr, c'est la première à laquelle on pense. Mais il serait dommage de se limiter aux salades vertes, aussi bonnes soient-elles !
Vous pouvez ajouter des paillettes jaunes et orangées sur toutes sortes d'autres salades : salade de tomates, salade de haricots verts, salade de riz ou de pâtes, salade de lentilles, de pommes de terre, salades composées variées et toutes celles auxquelles vous penserez, sans oublier… les salades de fruits !
La recette est simple : préparez votre salade comme d'habitude, et juste avant de servir ajoutez les pétales de calendula fraîchement cueillis.

Soupes pailletées

De même que les salades, on peut égayer les soupes en y parsemant des pétales de calendula au moment de servir. Soupe aux orties, soupe de pois cassés, soupe de légumes variés, soupe aux poireaux, velouté de chou-fleur, soupe de courgette, soupe de châtaigne, soupe aux champignons… Là encore, préparez votre soupe comme d'habitude. Servez, et parsemez les pétales de souci dans les assiettes. C'est du plus bel effet !

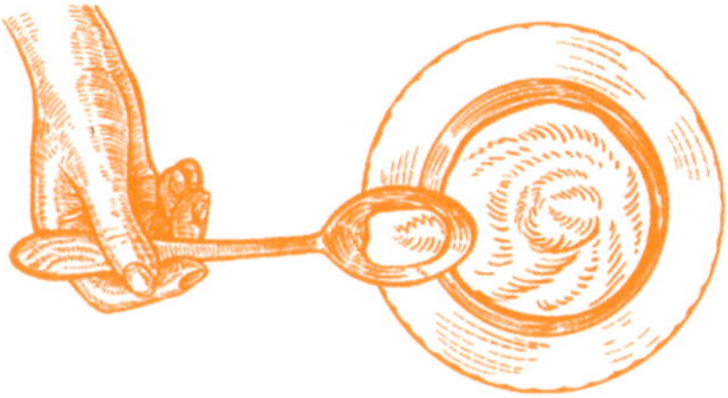

Canapés fleuris

Voici une autre préparation sur laquelle les fleurs de souci sont les bienvenues : les canapés, ou toasts ! Pour tartiner vos canapés, vous pouvez varier les recettes : houmous, pesto (traditionnel, au basilic, ou pesto de plantes sauvages comme par exemple l'ortie), tapenade d'olives vertes ou noires, caviar d'aubergine, guacamole… Une fois que vos toasts sont prêts et disposés sur un plat, reste à les fleurir ! Avec du calendula, bien sûr : prenez pour cela les pétales uniquement, que vous disposerez sur les toasts. Bien d'autres fleurs, selon la saison et ce qui pousse près de chez vous, pourront accompagner le souci : la bourrache, avec sa belle étoile bleue, la mauve, la violette, le pissenlit (en prenant là aussi les pétales, à saupoudrer comme des paillettes), la pâquerette, l'onagre…

Vous pouvez aussi préparer des canapés fleuris avec la tartinade de fromage frais, le beurre aux fleurs et aux herbes ou encore le pesto orangé présentés pages suivantes, et ajouter par-dessus des fleurs pour décorer !

Tartinade de fromage frais

Il s'agit d'une préparation toute simple, rapide et originale, que vous pourrez utiliser pour tartiner sur des toasts ou canapés, ou encore pour manger avec, par exemple, des pommes de terre à la vapeur.

Préparation : 15 minutes

- 1 crottin de chèvre ou brebis très frais
- 2 cuillérées à soupe d'huile d'olive
- 8 à 12 brins de ciboulette du jardin
- 8 à 12 fleurs fraîches de souci
- Sel et poivre

Mettez le fromage frais dans un petit saladier, puis écrasez-le à la fourchette. Ajoutez l'huile d'olive et mélangez. Coupez finement la ciboulette et les pétales de fleurs de souci et ajoutez-les au mélange. Salez et poivrez selon votre goût.

Variante : Vous pouvez ajouter de l'ail à la préparation.

Beurre aux fleurs et aux herbes

Sachant que les pétales de calendula ont été utilisés autrefois pour colorer le beurre, nous avons eu envie de vous proposer une recette associant ces deux éléments. Là encore, ce beurre coloré fera des toasts originaux, mais vous pouvez aussi le servir avec du riz, des légumes vapeur, etc.

Préparation : 15 minutes

- 50 g de beurre salé
- 1 cuillérée à soupe d'huile d'olive
- Fines herbes fraîches : ciboulette, persil (ou, comme plante sauvage, de l'alliaire si c'est la saison)
- 8 à 12 fleurs fraîches de souci
- Sel et poivre

Sortez le beurre un peu à l'avance pour qu'il ramollisse. Mettez-le dans un mortier, ou un bol. Ajoutez l'huile d'olive et mélangez à l'aide d'un pilon. Ajoutez ensuite les fines herbes et les pétales des fleurs finement hachés, et mélangez bien afin d'homogénéiser. Salez et poivrez selon votre goût.

Pesto orangé

D'habitude, le pesto, c'est vert ! Que ce soit la recette traditionnelle avec du basilic et des pignons de pin, ou des recettes aux plantes sauvages comme l'ortie, le plantain ou autre... Nous vous proposons ici un pesto de couleur orangé. Vous l'aurez deviné, nous avons remplacé les feuilles (vertes) par des pétales de souci ! Si vous avez déjà une bonne recette de pesto, vous pouvez tout simplement remplacer le basilic par des pétales frais de calendula. Sinon, voici une proposition de recette :

Préparation : 15 minutes

- 30 g d'amandes
- 20 à 25 fleurs fraîches de souci
- 1 gousse d'ail
- 4 à 5 cl d'huile d'olive
- Sel

Placez les amandes dans un hachoir électrique pour les réduire en poudre. Ajoutez ensuite les « pétales » de souci, l'ail épluché et coupé en petits morceaux, l'huile et le sel. Hachez finement.

Variantes : Vous pouvez utiliser d'autres graines que les amandes, comme par exemple des noisettes ou des graines de tournesol, ou encore un mélange. Vous pouvez également utiliser une autre huile que l'huile d'olive : huile de colza, de tournesol, une autre qui vous plaît, ou, là encore, un mélange.

Œufs calendula

Une variante des œufs mimosa, avec du calendula pour relever la couleur !

Préparation : 20 minutes

- 6 œufs durs
- 6 à 12 fleurs de calendula (ce sont les « pétales » que l'on utilise : selon que vos fleurs sont simples ou doubles, plus ou moins grandes, ajustez la quantité de fleurs)

Pour la mayonnaise :

- 1 jaune d'œuf
- 1 cuillérée à soupe de moutarde forte
- Huile d'olive
- Sel
- 1 cuillérée à café de jus de citron

Écalez soigneusement les œufs durs. Coupez-les en deux dans le sens de la longueur. Retirez le jaune de chaque demi-œuf, mettez-le dans un petit saladier, puis disposez les demi-blancs sur un plat.

À l'aide d'une fourchette, écrasez en miettes les jaunes d'œufs.

Préparez la mayonnaise : pour cela, mettez le jaune d'œuf dans un bol, et mélangez bien avec la moutarde. Ajoutez ensuite l'huile en versant tout doucement et en mélangeant en même temps. Puis salez, versez le jus de citron et mélangez.

Retirez les pétales de fleurs de calendula et hachez-les finement. Si vous voulez essayer la décoration proposée page suivante, gardez des pétales de côté.

Mélangez les pétales hachés aux jaunes d'œufs, puis ajoutez deux cuillérées à soupe de mayonnaise et amalgamez le tout.

Ensuite, à l'aide de deux petites cuillères, garnissez les blancs d'œufs avec la préparation à base de jaunes.

Vous pouvez ajouter un brin de persil pour décorer, pour mettre en valeur la belle couleur orangée de vos œufs calendula !

Décoration : Si vous êtes suffisamment patient et méticuleux, pour faire vraiment des œufs calendula, vous pouvez disposer les pétales de calendula que vous aurez gardés de côté, de manière à reproduire une fleur dont le centre sera le mélange jaune-mayonnaise ! Pour cela, mettez d'abord un peu de mélange jaune-mayonnaise dans le blanc d'œuf, puis disposez les pétales de calendula comme un soleil tout autour de ce centre, en les collant sur la mayonnaise. Enfin, ajoutez encore un peu de mélange jaune-mayonnaise pour bomber le cœur de votre fleur.

Tarte vert et or à la courgette

Préparation : 30 minutes
Cuisson : 25 à 30 minutes

- 1 pâte à tarte
- 1 courgette de 500 g environ
- 1 oignon
- 1 gousse d'ail
- Huile d'olive
- 3 œufs
- ½ verre d'eau ou de bouillon de légume
- Sel
- Thym
- 5 à 10 fleurs fraîches de souci

Émincez l'oignon et faites-le revenir dans une poêle avec un peu d'huile d'olive. Pendant ce temps, lavez puis coupez la courgette en petits dés, et mettez-la à cuire avec l'oignon. Ajoutez ensuite l'ail. Laissez cuire les légumes en remuant de temps en temps. Pendant ce temps, mettez la pâte dans le moule. Cassez les œufs dans un saladier et battez-les avec le liquide (eau ou bouillon de légume). Lorsque les légumes sont cuits, ajoutez-les dans le saladier avec le sel et le thym. Mélangez, puis versez le contenu du saladier sur la pâte à tarte. Répartissez bien. Prenez alors

les fleurs de souci, détachez les « pétales » et disposez-les sur la tarte. À l'aide d'une fourchette, tapotez légèrement sur les pétales pour les mouiller dans la garniture.
Enfournez et laissez cuire environ 25 minutes, en surveillant la cuisson.

Variantes : Vous pouvez ajouter dans la garniture des feuilles d'ortie grossièrement hachées, des graines de tournesol, ou encore des cubes de feta. On obtient également une très bonne tarte en remplaçant la courgette par du brocoli. On peut aussi remplacer le liquide (eau ou bouillon de légumes) par de la crème liquide, végétale ou non.

Risotto aux champignons et au faux safran

Préparation : 10 minutes
Cuisson : environ 30 minutes

Le plus important, pour bien réussir un risotto, est d'avoir une variété de riz qui convient, tous les riz ne se prêtent pas à ce type de préparation !

Pour 4 personnes :

- 300 g de riz pour risotto (nous avons utilisé du riz carnaroli)
- 1 gros oignon
- 250 g de champignons de Paris
- 1 gousse d'ail
- 1 l de bouillon de légumes
- Huile d'olive
- Sel
- 1 cuillérée à café de poudre de fleurs de souci séchées
- 10 à 15 fleurs fraîches de souci
- Un peu de persil

Émincez l'oignon et faites-le revenir à l'huile d'olive, dans une poêle. Au bout de 10 minutes environ, ajoutez les champignons émincés.

Couvrez, et laissez cuire encore 10 minutes en remuant de temps en temps. En fin de cuisson, ajoutez l'ail coupé finement.
Portez le bouillon de légumes à ébullition.
Pendant que l'oignon et les champignons cuisent, faites chauffer de l'huile d'olive dans une casserole puis versez-y le riz. Remuez, et lorsque les grains sont translucides, ajoutez une louche de bouillon de légumes chaud. Ajoutez la poudre de fleurs de souci séchées. Mélangez et laissez cuire. Au fur et à mesure que le liquide est absorbé, ajoutez à nouveau du bouillon de légumes dans le riz.
Lorsque le mélange oignon-champignons-ail est cuit, versez-le dans la casserole de riz et poursuivez la cuisson.
La cuisson du riz dure environ 25 minutes. Rectifiez l'assaisonnement puis, juste avant de servir, ajoutez les « pétales » frais de calendula et le persil. Servez bien chaud.

Variantes : À la place de la poudre de fleurs de souci séchées, vous pouvez prendre du vrai safran. L'idéal est alors de le faire infuser dans de l'eau froide plusieurs heures avant utilisation, puis de l'ajouter au riz en fin de cuisson.
On peut aussi ajouter, en fin de cuisson : une noix de beurre, une cuillère de crème et/ou du parmesan.

Le faux safran

En fait, le souci est utilisé depuis des siècles en cuisine, car il a servi (et sert peut-être encore) à falsifier le safran ! Bien sûr, il n'a pas le même goût ni le même pouvoir colorant que les précieux stigmates de crocus. La culture du safran représente un énorme travail, et la fraude est facile... donc tentante. Elle a d'ailleurs été sévèrement réprimée par le passé. On apprend dans le livre *Saveurs du safran* que, « en Allemagne, la peine de mort fut même appliquée de 1357 à 1591 pour les fraudeurs* ». Les « pétales » de calendula, de préférence teintés, ont été vendus pour du safran. Même chose, soit dit en passant, pour l'arnica. Une autre plante de la famille des Astéracées a également servi à falsifier le safran : il s'agit du carthame des teinturiers (*Carthamus tinctorius* L.).

* Boisvert Clotilde et Aucante Pierre, *Saveurs du safran*, Albin Michel, 1993, p. 40.

Petits cœurs pailletés

Préparation : 40 minutes
Cuisson : 10 à 15 minutes

Pour une quarantaine de petits cœurs de 4 cm environ :

- 250 g de farine de blé (pour des biscuits sans gluten, vous pouvez utiliser de la farine de riz)
- 75 g de poudre d'amande ou de noisette
- 75 g de sucre intégral
- 10 cl d'huile de tournesol
- 2 œufs
- 12 fleurs de calendula

Mélangez la farine avec la poudre de noisette ou amande et le sucre intégral. Retirez les pétales des fleurs et hachez-les finement. Ajoutez-les au mélange. Creusez un puits, versez-y l'huile et les œufs et mélangez bien.

Prenez un morceau de pâte, aplatissez-le à la main sur un plan de travail fariné de façon à lui donner une épaisseur d'environ 5 millimètres. Puis découpez des cœurs à l'emporte-pièce. Placez les cœurs sur une plaque farinée ou garnie de papier cuisson.

Faites cuire à th 6 pendant 10 à 15 minutes : les biscuits doivent juste commencer à dorer.

Un jardin pour les soucis

Usages du souci au jardin

Si le souci est aussi présent dans les jardins, ce n'est pas sans raison ! Déjà, il est tout simplement beau. Comme le dit Pierre Lieutaghi, « voici un simple dont les qualités ornementales égalent les vertus médicinales[37] » ! Vigoureuse, ramifiée, prolifique, la plante présente ses capitules comme autant de petits soleils qui illuminent le jardin pendant une longue période de l'année – ne l'oublions pas, on l'appelle « fleur de tous les mois » !
Ensuite, ses vertus médicinales et culinaires sont plus qu'intéressantes. Et on peut facilement faire des préparations soi-même pour en bénéficier, alors ce serait dommage de s'en priver.
Au jardin, le calendula fait preuve d'un fort caractère. Les bandes florales de souci ne sont pas tellement envahies d'autres herbes… Lorsqu'ils sont nombreux, les soucis ne laissent pas beaucoup de place à d'autres plantes. Le calendula est cependant une plante bien utile au potager en tant que « plante compagne » : cela signifie qu'il est un bon compagnon pour certaines cultures. Plus précisément : « Il semble être un bon voisin pour le fraisier, la chicorée, le haricot, la pomme de terre et la tomate. […] Cette plante repousse plus ou moins différents ravageurs, comme la teigne du poireau, la mouche blanche des serres ou les insectes des choux. Elle aide à contrôler les nématodes nuisibles, notamment ceux de la tomate *Meloidogyne incognita* et *Rotylenchus*[38] *reniformis*. Elle favorise la présence des chrysopes, des coccinelles, des punaises *Macrolophus* prédatrices d'acariens et de mouches blanches, nuisibles notamment aux tomates sous serre. Elle entre dans la composition de bandes florales attirant les auxiliaires (syrphes notamment) protégeant les laitues des pucerons. Pour cette même raison, on peut aussi semer le souci au pied des

37. Lieutaghi Pierre, *Le Livre des bonnes herbes*, *op. cit.*, p. 425.

38. Nous trouvons le nom *Rotylenchulus reniformis*.

Syrphe.

rosiers[39]. » Les auteurs signalent également que le souci serait un mauvais voisin pour le fenouil, l'ail et le sarrasin.

Vincent Albouy, spécialiste des insectes, nous indique que les fleurs de souci « attirent coléoptères, mouches, notamment syrphes, guêpes, abeilles, papillons, et la chenille d'une noctuelle, la peltigère[40] ».

Toujours au jardin, le souci peut être planté comme engrais vert. « Les soucis sont de très bonnes premières cultures. Ils sont ensuite coupés pour faire de l'engrais vert », peut-on lire dans *Le poireau préfère les fraises*[41].

Enfin, autre usage intéressant du calendula au jardin : la préparation d'extrait fermenté, encore appelé « purin ». Le purin de souci « renforce et donne de la vigueur aux plantes, surtout les choux et les tomates[42] », nous disent les auteurs de *Purin d'ortie et Cie*. Pour préparer cet extrait fermenté, on prend 1 kilo de feuilles fraîches pour 10 litres d'eau à température ambiante. On laisse macérer pendant quelques jours ; le mélange est à filtrer et utiliser rapidement (avant putréfaction). Les auteurs conseillent une dilution à 10 % en arrosage, de préférence après une pluie.

Capitules de graines matures avant dispersion. Trois graines chutent au sol.

39. Thorez Jean-Paul et Lefrançois Sandra, *Plantes compagnes au potager bio. Le guide des cultures associées*, Terre vivante, 2016.

40. Albouy Vincent, *Le Jardin naturel*, Delachaux et Niestlé, 2005, p. 257.

41. Wagner Hans, *Le poireau préfère les fraises*, Terre vivante, 2012, p. 98.

42. Bertrand Bernard, Collaert Jean-Paul, Petiot Éric, *Purin d'ortie et Cie*, Terran, 2007, p. 54.

Cultiver des soucis

La bonne nouvelle, c'est que ce n'est pas compliqué de cultiver des soucis. C'est en tout cas une plante considérée comme facile à introduire au jardin, une de celles que l'on conseille aux débutants !
Pour commencer, le plus simple est de faire un semis ! On sème directement les fruits (qu'on appelle habituellement « graines de calendula »), avec leurs drôles de forme de chenille, bateau ou autre. Le semis se fait habituellement en pleine terre, en mars-avril. On peut semer jusqu'en juin, pour une floraison dans l'année. Si vous souhaitez faire des semis sous abri ou sur couche tiède pour ensuite repiquer les plants, vous pouvez semer en février-mars.

Fruits disposés autour du capitule.

Fruit.

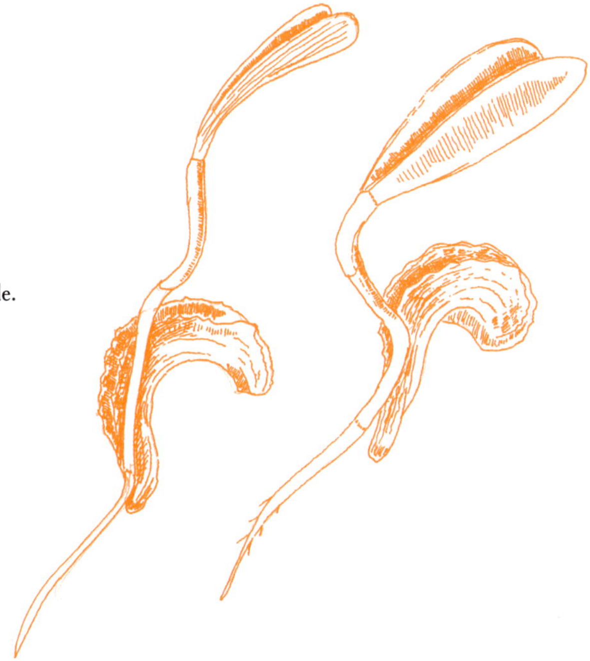

Très jeunes plantules de souci.

Le souci aime le plein soleil, mais il peut aussi pousser à mi-ombre. Il s'accommode de tout type de sol, à condition quand même que celui-ci soit bien drainé. Il appréciera un paillage. Inutile d'arroser trop souvent. Pour profiter des fleurs, et pour encourager la plante à fleurir, on conseille habituellement de couper les fleurs fanées. Selon le climat de votre région, vous verrez que la plante se comporte comme une annuelle, ou comme une vivace. Elle fleurit jusqu'à l'arrivée des grands froids, et se ressème toute seule.

C'est une plante qui peut aussi être cultivée dans une jardinière. Cependant, dans ce cas, il faudra veiller à l'arroser régulièrement.

Le souci est peu sensible aux maladies, mais peut cependant souffrir d'oïdium, un champignon blanchâtre qui recouvre les feuilles. En jardinerie, vous trouverez toutes sortes d'espèces de souci, à fleurs doubles ou à fleurs simples, de couleur jaune et orange, mais pas seulement. Il existe des variétés horticoles à fleurs blanches, à fleurs panachées (par exemple avec du rouge au bout des pétales orange), à fleurs jaune citron (alors que la variété traditionnelle est plutôt d'un jaune d'or), ou encore à fleurs roses… les capitules ne sont pas forcément unis, comme sur les variétés traditionnelles, et présentent parfois des dégradés, par exemple du jaune au rose. Les variétés horticoles sont parfois des hybrides et, dans ce cas, les plantes sont stériles.

Petites histoires, mythologie, croyances et superstitions

Dans la mythologie

On trouve au sujet du souci plusieurs légendes dans la mythologie grecque et romaine. L'une d'elle raconte que la nymphe Caltha, éperdument amoureuse d'Apollon, le dieu du Soleil, passait ses nuits à attendre son apparition. Mais le chagrin et l'épuisement eurent raison d'elle et, là où elle mourut, apparut un plant de souci.
Dans une autre légende, c'est un jeune berger qui était follement amoureux d'Apollon. Il mourut de chagrin alors que des nuages, en s'amoncelant, avaient caché à ses yeux l'astre aimé pendant trop longtemps. C'est alors qu'Apollon transforma le jeune homme en une fleur qui ressemblait au soleil…
D'autres encore disent qu'Artémis, déesse de la chasse et sœur jumelle d'Apollon, agacée par les nombreuses prétendantes de son frère, aurait transformé en souci certaines nymphes qu'elle trouvait trop proches de lui.
On peut lire également que le souci a poussé à l'endroit où sont tombées les larmes d'Aphrodite, déesse de l'Amour, qui pleurait la mort de son amant Adonis, d'une grande beauté.
Mais on l'a vu, le souci a longtemps été confondu avec d'autres plantes sous le nom de « fleur qui suit le soleil ». Alors, ces légendes ont peut-être été réécrites ou interprétées assez récemment… allez savoir !

Croyances et superstitions

Le souci est fortement associé à l'idée de protection. « On pensait au Moyen Âge que le souci était doué de pouvoirs magiques, notamment celui de préserver et de guérir celui qui en portait sur lui de tous les

maux[43] », nous rapporte Jérôme Goutier. Tous les maux, rien que ça !
On dit que des guirlandes de souci placées autour d'une porte empêchent le mal d'entrer dans la maison, et que, disposées sous le lit, les fleurs protègent pendant le sommeil ; grâce à elles, les rêves deviennent réalité.
Toujours dans l'idée de protection, certaines personnes prennent le soin, avant de se présenter devant les juges d'un tribunal pour les affaires pénales, de glisser un souci dans leur poche, afin de s'attirer la clémence des juges. Enfin, mettre des soucis dans son bain permettrait de susciter respect et admiration chez les personnes que l'on rencontre.
Matthiole l'avait déjà dit, regarder un souci fortifie la vue !
Il paraît que Jean, roi d'Aragon, portait toujours sur lui un talisman composé d'une fleur de souci cueillie en septembre, lorsque le soleil entre dans le signe de la Vierge, avec une dent de loup dans la fleur, le tout entouré d'une feuille de laurier. Ceci pour vivre en paix avec tout le monde, et être protégé des contrariétés et des médisances. Il conseillait d'ailleurs ce talisman.
Le souci, qui est donc associé à l'idée de protection, est aussi parfois associé au chagrin et, certainement du fait de sa couleur jaune, au cocuage. Ainsi, on dit dans le Maine-et-Loire qu'une femme qui laisse tomber un pétale lorsqu'elle a une fleur de souci dans les mains prouve alors qu'elle a eu une relation adultère qui lui a valu d'attraper une maladie honteuse. Et, dans la Vienne, il paraît que « celui qui aime ou manie le souci sera cocu » ! On retrouve cette idée de cocuage dans le langage des fleurs (voir p. 88).
On dit encore que, dans un jardin, si les soucis ne fleurissent pas, cela indique qu'une personne de la maison va mourir.
Une curieuse légende raconte qu'« une jeune fille vierge qui, un soir d'été où la lune est visible avant le coucher du soleil, marche nu-pieds sur des soucis comprendra le langage des oiseaux[44] ».
Dans *Le Livre des simples médecines*, au XIIe siècle, Platéarius termine la présentation du souci par un usage plus magique que médicinal : « D'aucuns, qui l'ont expérimenté, mais qui ne sont pas à croire, disent que

---

43. Goutier Jérôme, *L'Herbier des jardins de curé*, la Maison rustique Flammarion, 2009, p. 214.

44. Mozzani Éloïse, *Le Livre des superstitions*, Robert Laffont, 1995, p. 1666.

quiconque s'enduira le soir, avant de se coucher, du jus de cette herbe et d'aurone, au matin se retrouvera changé de lieu[45]. »

Le langage des fleurs

Le souci, dans le langage des fleurs, est habituellement associé au chagrin. Ainsi on peut lire dans un ouvrage sur le langage des fleurs que « le souci, considéré seul, ne saurait exprimer que le chagrin et les peines matérielles. Uni à la rose, il signifie peines de cœur. Disposé parmi d'autres fleurs, il représente la chaîne des jours, entremêlée de bons et de mauvais moments[46] ».
La couleur jaune est traditionnellement associée à l'idée de traîtrise, et, par extension, de cocuage. Offrir des soucis à quelqu'un peut être une façon d'exprimer un doute, une suspicion. De la part d'un mari jaloux, cela peut être un avertissement.

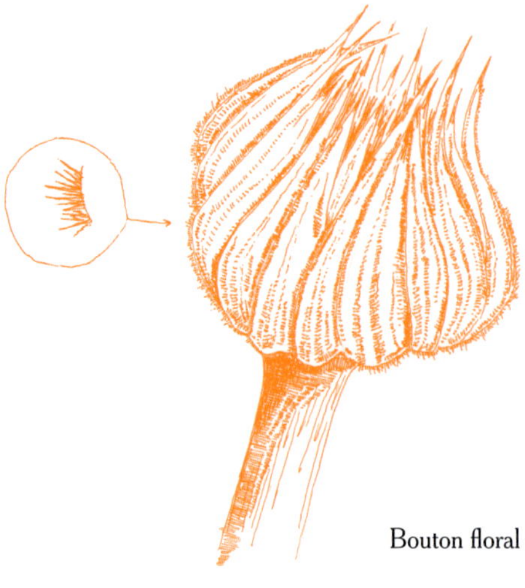

Bouton floral de souci des jardins, avant éclosion.

45. Platéarius, *Le Livre des simples médecines*, *op. cit.*, p. 34.

46. Dugaston G. et Champion Marie-Hélène, *Les Secrets du langage des fleurs*, Albin Michel, 1974, p. 83.

Bulletin météo

Le calendula, habituellement, s'ouvre le matin et se ferme dans l'après-midi. Si un matin les capitules ne s'ouvrent pas, c'est qu'il pleuvra dans la journée !

Un appât pour les poissons

Dans un recueil du XVIIIe siècle, on trouve un secret pour prendre le poisson avec des nasses : « Prenez de la fleur de souci, de la marjolaine, de la fleur de froment, du vieux beurre, de la graisse de chèvre et des vers de terre ; broyez le tout ensemble. Cela sert merveilleusement à attirer le poisson dans la nasse ou dans les filets*. »

* *Recueil de recettes pour remèdes et autres secrets. Un manuscrit inédit du XVIIIe siècle présenté et commenté par Guy Ducourthial*, Belin, 2007, p. 22.

Deuxième partie

L'arnica ou souci des Alpes

> « Vous voudrez bien remarquer que cette magnifique plante appartient aux libres altitudes, à la roche primitive, qu'elle croît sur les marches du trône des dieux. Elle s'enracine dans la fraîcheur ruisselante des hauts pâturages, elle fait partie du printemps et du premier été, elle a besoin d'un air pur et des forces du matin[47]. »

Qui n'a jamais entendu parler de l'arnica, ne serait-ce que sous forme de granules homéopathiques ou de crème ou gel pharmaceutique ? Mais si son nom est bien connu, la plante elle-même l'est nettement moins. L'arnica ou souci des Alpes est pourtant une plante qui a de bonnes raisons de nous fasciner ! Aussi nous avons souhaité lui consacrer une partie de cet ouvrage. Mais s'agit-il d'*une* arnica ou d'*un* arnica ? En fait, les deux se disent : on trouve le mot « arnica » tantôt au féminin, tantôt au masculin dans la littérature consacrée aux plantes. Nous avons fait le choix de parler de l'arnica au féminin, mais dans les citations que nous avons retenues, nous avons respecté le texte des auteurs ; aussi l'arnica apparaît parfois aussi au masculin.

Un peu de botanique

Où pousse-t-elle ?

Comme le calendula, l'arnica fait partie de la grande famille des Composées ou Astéracées. Son nom latin, *Arnica montana* L., donne le ton : l'arnica est avant tout une montagnarde ! On trouve dans les régions tempérées de l'hémisphère Nord une trentaine d'espèces du genre *Arnica*[48]. En France, on rencontre donc *Arnica montana* L., ainsi que

---

47. Pelikan Wilhelm, *L'Homme et les plantes médicinales*, tome 1, Triades, 1986, p. 269. Dans cet extrait, l'auteur fait parler Goethe.

48. Plus précisément 33 espèces différentes comptées sur le site www.theplantlist.org en septembre 2019.

deux variétés : *Arnica montana* var. *atlantica* (A. Bolòs) B. Bock et *Arnica montana* var. *montana* L.[49].

L'arnica pousse donc principalement en montagne : en France, c'est surtout dans les massifs de l'Est et du Centre que la plante est présente. Le souci des Alpes pousse… dans les Alpes, mais aussi dans les Vosges ; beaucoup moins dans le Jura. Il est présent également dans le Morvan, le Massif central, les Cévennes ainsi que dans les Pyrénées centrales. Habituellement, l'arnica pousse à une altitude comprise entre 600 et 2 000 mètres, mais on peut aussi la rencontrer à plus basse altitude, voire même en plaine : elle est alors beaucoup plus localisée.

L'arnica pousse sur les terrains acides : c'est impératif pour elle, elle fuit le calcaire. Dans *L'Encyclopédie des plantes bio-indicatrices*, les caractères du sol indiqués par la plante sont présentés ainsi : « Acidité des sols frais à humides. Plante calcifuge, absence totale de calcaire. Engorgement en matière

49. Informations tirées du site de l'INPN (Inventaire national du patrimoine naturel) : https://inpn.mnhn.fr/espece/cd_nom/83874/tab/taxo

organique végétale archaïque. L'arnica est une vraie plante acidophile. Les plantes acidophiles étant relativement rares, cela mérite d'être signalé[50]. » Christina Kiehs-Glos, amoureuse des plantes médicinales, et qui a écrit un livre sur l'arnica, précise : « Elle fuit le calcaire autant que les sols alcalins. Mais elle ne supporte pas non plus le milieu fortement acide des fagnes, et a besoin d'un terrain incliné selon un angle d'au moins 3 °, qui prévient l'humidité stagnante trop acidifiante et garantit l'écoulement satisfaisant de l'eau. [...] La limite du pH acceptable pour l'arnica se situe entre 5 et 5,5, ce qui signifie que l'arnica a un besoin d'acidité modéré, et elle réagit d'une manière extrêmement sensible à de grandes variations[51]. »

Elle aime la lumière, et choisit donc des endroits dégagés : alpages ouverts, prairies, lisières de forêt, clairières. On peut la trouver dans des bois, à condition qu'ils soient suffisamment clairs.

Description

Plante herbacée de 20 à 60 centimètres de hauteur lorsqu'elle est en fleur, elle a un feuillage vert pâle. Ses feuilles forment tout d'abord une rosette, redressée lorsqu'elle sort au printemps, puis qui s'étale sur le sol. Ce sont des feuilles toute simples, ovales, entières, assez épaisses. Un duvet de fins poils blancs les recouvre. Elles sont parcourues d'une nervure principale saillante sur le dessous, avec des nervures secondaires, saillantes elles aussi, qui remontent presque parallèlement à la nervure principale. Des feuilles qui rappellent celles du plantain, d'où son nom de « plantain des Vosges » ! Au centre de la rosette pousse une tige qui porte vers le milieu deux petites feuilles opposées, semblables à celles de la base mais de plus petite taille. La présence de ces deux feuilles est un bon critère pour différencier l'arnica d'autres Composées à fleur jaune,

50. Ducerf Gérard, *L'Encyclopédie des plantes bio-indicatrices, alimentaires et médicinales*, *op. cit.*, p. 95.

51. Kiehs-Glos Christina, *Arnica*, Aethera, 2005, p. 48.

comme par exemple les doronics ! Enfin, au bout de la tige, s'épanouit le capitule. Parfois, deux tiges latérales partent des feuilles caulinaires et chacune porte un autre capitule. Plus rarement, on peut voir des pieds avec 5 voire même 7 capitules. La plante fleurit au début de l'été, en juillet. La floraison peut commencer en juin, selon les endroits et les expositions.
Les capitules de l'arnica, comme ceux du calendula, sont constitués de fleurs tubulées au centre, et de fleurs ligulées sur le pourtour : comme une marguerite toute jaune ! Ces capitules sont un peu plus grands que ceux du souci des jardins : 6 à 8 centimètres de diamètre, voire 10 centimètres. Entourant le capitule, les bractées de l'involucre, allongées et régulières, se terminent en pointe. Elles sont couvertes de petits poils blancs.
Les fleurs ligulées ont 5 petites dents à leur extrémité. Toutes les fleurs sont d'un beau jaune d'or. Les fleurs ligulées sont des fleurs femelles, tandis que les fleurs tubulées sont hermaphrodites : elles possèdent un pistil et des étamines. Elles s'ouvrent en commençant par celles du pourtour, puis progressivement vers le centre. Avec une loupe, on peut observer sur les fleurs ouvertes les étamines surmontées par le pistil, qui se divise en deux parties recourbées. Chaque fleur produit un fruit. Il s'agit d'un akène, qui ressemble à ceux du pissenlit : une graine protégée par une enveloppe, elle-même surmontée d'une aigrette. L'arnica fait partie de la famille des Composées ou Astéracées, une famille qui a poussé loin l'art de la dissémination des graines ! Mais, dans un milieu montagnard, on n'est jamais trop prudent : et l'arnica, dont les graines seront emportées par le vent, compte aussi sur sa racine pour se propager.

C'est que l'arnica dispose d'un rhizome, c'est-à-dire une tige souterraine. Voici la description qu'en fait Christina Kiehs-Glos : « La manifestation souterraine de l'arnica ressemble de manière frappante à un labyrinthe, ce que l'aspect clair et simple de ses feuilles, des pousses et des fleurs est loin de laisser supposer. Au tournant du siècle dernier, l'arnica passait encore pour une mauvaise herbe redoutée dans les champs, à cause de

Rosette d'arnica non fleurie.

Graines d'arnica.

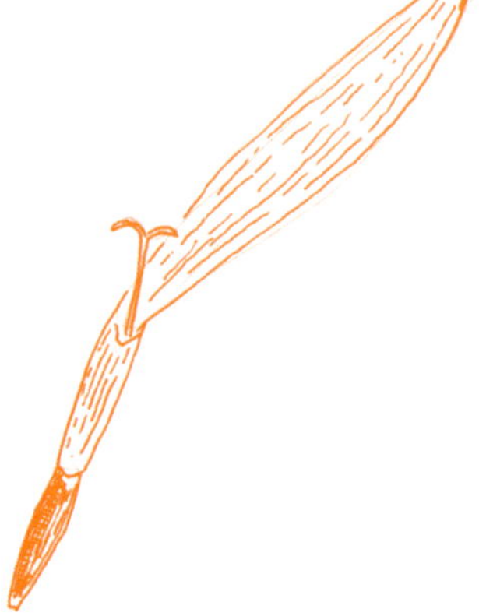

Fleur ligulée d'arnica.

Fleurs tubulées d'arnica.

Racines et rhizome d'arnica.

ce réseau racinaire si dense[52]. » On devine la présence du rhizome lorsqu'on voit, en montagne, les plantes pousser par tapis. Elles sont issues d'un même rhizome ! Certaines pousses se contentent de former une rosette de feuilles, d'autres donneront des fleurs. Mais, au printemps suivant, la présence du rhizome facilitera la poussée des nouvelles feuilles et tiges. « Ainsi, l'arnica se présente extérieurement comme une Composée annuelle comparable en cela au souci. Cependant, les

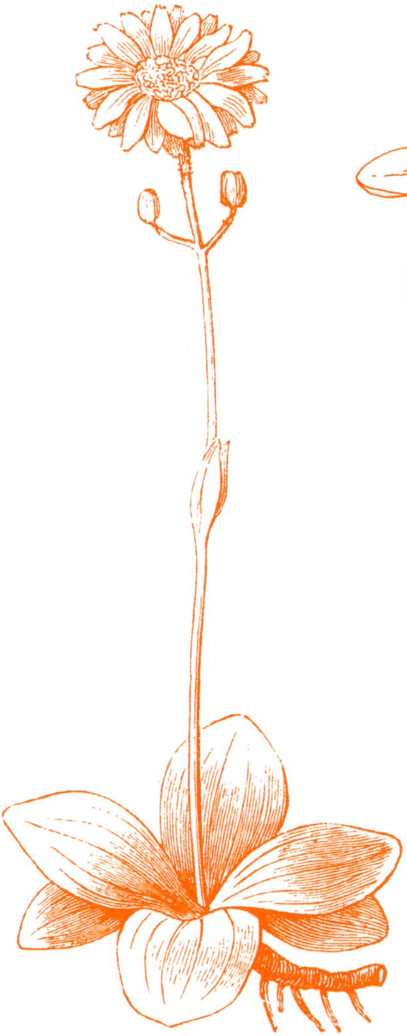

Plant d'arnica. On voit bien sur le dessin le rhizome, la rosette de feuilles étalée au sol, les deux petites feuilles vers le milieu de la tige, le capitule en haut de la tige avec 2 boutons en dessous.

52. *Ibid.*, p. 20.

réserves pleines forment sous terre un labyrinthe sensible, fourni en forces de lumière, d'air, d'eau et de terre, qui permet ainsi une poussée beaucoup plus rapide au printemps[53]. »

Une raréfaction aujourd'hui

Les populations d'arnica se raréfient dans la nature. Et contrairement à ce qu'on pourrait penser, ce n'est pas tellement parce que la plante serait trop récoltée. Les véritables causes sont à chercher dans les modifications du milieu : des espaces ouverts qui se referment, notamment, car la plante a besoin de lumière. Une autre raison de cette raréfaction est l'usage des engrais, fatal à la plante : Christina Kiehs-Glos nous dit que, « pendant des décennies, elle ne revient pas aux endroits d'où les engrais chimiques l'ont chassée. En 1934, l'université de Berne lança un essai de fumure sur les alpages suisses. [...] On expérimenta plusieurs concentrations d'engrais sur différentes parcelles. Il en résulta une uniformisation de la flore, car les herbes et plantes alpines rares, sensibles au milieu, notamment *Arnica montana*, disparurent. Cet effet secondaire n'avait pas été envisagé dans les calculs ! Des années encore après l'arrêt des épandages d'engrais, ni les arnicas ni d'autres espèces sensibles ne sont réapparues. [...] Tout type d'engrais se révèle un poison dangereux pour l'arnica[54] ».

Les pratiques pastorales peuvent également être en cause, comme l'explique Gérard Ducerf : « L'arnica devient de plus en plus rare du fait du changement de type de bétail sur les prairies agricoles. En effet, lorsque l'on remplace le pâturage des bovins par le pâturage des ovins, *Arnica montana* disparaît totalement en un ou deux ans. Les excréments alcalinisants des moutons sont fatals à cette plante acidophile. Cet effet fut particulièrement spectaculaire en 1985, sur les chaumes du Haut-Forez, où l'introduction du mouton a fait disparaître toutes les belles

53. *Ibid.*, p. 20.

54. *Ibid.*, p. 47-48.

populations d'*Arnica montana* en deux ans. Dans de nombreuses régions, l'extinction d'*Arnica montana* a été justifiée, auprès de l'opinion publique et auprès des autorités, en l'attribuant au bouc émissaire habituel, les cueilleurs de plantes médicinales, alors qu'elle est due à la mise en culture de vieilles prairies permanentes, à l'introduction du pâturage par les moutons, ou à l'apport d'engrais[55]. » Il précise ensuite : « Par ailleurs, lorsque les cueilleurs coupent le capitule terminal de l'arnica, ils suppriment l'hormone inhibitrice des bourgeons floraux axillaires et stimulent leur floraison[56]. » Christina Kiehs-Glos rapporte une autre observation sur les conséquences d'une cueillette soigneuse : il s'agissait de cueillir « précautionneusement les fleurs et les tiges, avec deux feuilles de la rosette et environ 1 centimètre de rhizome, pour en fabriquer une teinture désignée par *Arnica e planta tota* en langage pharmaceutique et dans les livres de remèdes. Après deux à trois ans, on remarqua que les parties de racines et de pousses restantes poussaient plus vigoureusement l'année suivante que sur les plantes auxquelles on n'avait rien enlevé[57]. » Évidemment, il est important de rester mesuré dans ses cueillettes, de ne prendre qu'une petite partie de la ressource disponible, et avec soin. Mais la protection de la plante, pour être efficace, devrait passer d'abord par des mesures concernant son milieu.

Actuellement, on récolte en France environ 10 tonnes d'arnica fraîche tous les ans. Ces récoltes sont effectuées sur des sites sauvages, essentiellement dans les Vosges (pour 90 %). Devant cette demande importante, et devant la diminution des populations sauvages d'arnica, des projets de culture débutent ici et là, notamment en Auvergne et en Ardèche ainsi que dans les Vosges.

---

55. Ducerf Gérard, *L'Encyclopédie des plantes bio-indicatrices, alimentaires et médicinales*, *op. cit.*, p. 95.

56. *Ibid.*, p. 95.

57. Kiehs-Glos Christina, *Arnica*, *op. cit.*, p. 50.

Confusions possibles

Dans son ouvrage *Plantes médicinales*, Paul Fournier commence ainsi la présentation de l'arnica : « La liste serait longue des plantes à qui l'on a donné, et l'on donne encore, par erreur et abusivement, le nom d'*Arnica*. Ce sont avant tout des Composées à fleurs jaunes, tragopogons, doronics, séneçons, épervières, aunées, porcelles, *Telekia*, etc., etc., que, non seulement on rencontre cultivées et utilisées aux lieux et places de l'arnica vrai, mais qui souvent aussi servent à le falsifier[58]. »

Il est vrai que les plantes de la famille des Composées sont nombreuses à porter des capitules jaunes. Et certains capitules ressemblent à ceux de l'arnica, sans aucun doute ! Les confusions sont fréquentes avec les doronics, du genre *Doronicum* ; ainsi qu'avec un séneçon, le séneçon doronic. Les doronics sont botaniquement très proches des arnicas : aujourd'hui on considère qu'il s'agit de genres différents, mais par le passé cela n'a pas toujours été le cas. Les anciens noms latins en attestent : l'arnica a été appelée *Doronicum oppositifolium* Lam., ou encore *Doronicum arnica* Desf.

Il existe plusieurs espèces de doronics. Le doronic d'Autriche (*Doronicum austriacum* Jacq.) a été appelé *Arnica austriaca* Hoppe[59] ; en français, on l'appelle également « tabac sauvage », comme l'arnica. C'est une grande plante, qui peut atteindre 1 mètre de hauteur, très décorative. Elle pousse plutôt sur terrains siliceux. Le doronic à grandes fleurs (*Doronicum grandiflorum* Lam.) a été appelé *Arnica scorpioides* L.[60]. Il porte généralement un capitule solitaire, autre point commun avec l'arnica ! Parfois les capitules sont groupés par 2 ou 3. On l'appelle aussi, en français, « arnica à racine noueuse ». Le doronic plantain (*Doronicum plantagineum* L.) porte généralement un capitule solitaire, lui aussi. Le doronic pardalianche (*Doronicum pardalianches* L.) est ramifié, on le trouve notamment en montagne. Il fleurit, comme l'arnica et comme

---

58. Fournier Paul, *Plantes médicinales, Connaissance et Mémoires européennes*, Société nationale d'horticulture de France, 1999, p. 131.

59. Bonnier Gaston, *La Grande Flore en couleurs*, vol. 3, Belin, 1998.

60. *Ibid.*

plusieurs autres espèces de doronics, pendant l'été. Les doronics sont souvent utilisés comme plantes ornementales.

Quant au séneçon doronic (*Senecio doronicum* (L.) L.), il fait lui aussi partie de la famille des Astéracées. Comme son nom l'indique, c'est un séneçon, mais il ressemble à un doronic – donc aussi à de l'arnica. Il fleurit pendant l'été, et on le rencontre en montagne.

En fait, pour éviter les confusions et distinguer l'arnica de toutes ces autres plantes, la disposition des feuilles est un excellent critère. Parmi ces plantes de la famille des Composées, dont les capitules jaunes ressemblent fort à ceux de l'arnica, aucune n'a de feuilles comme celles de l'arnica : une rosette à la base et, surtout, deux petites feuilles opposées au milieu de la tige.

Le séneçon doronic, ainsi que les doronics, ont été utilisés par le passé sur le plan médicinal. Gaston Bonnier signale un usage contre l'asthme pour le séneçon doronic, et selon les espèces de doronics, des vertus vulnéraires et toniques, un usage contre les fièvres, ou les maladies de l'intestin. Aujourd'hui, ni le séneçon doronic ni les doronics ne sont utilisés pour des vertus médicinales.

L'arnica, broutée par les animaux ?

En général, les animaux ne broutent pas l'arnica : on voit dans les prairies de montagne, même là où paissent les vaches, les plants d'arnica intacts. Ils ne semblent pas non plus consommés par les animaux sauvages, chevreuils par exemple. Du moins pas en temps normal ! « Les animaux ne broutent pas l'arnica, comme ils le font pour beaucoup d'herbes aromatiques et odorantes des montagnes. Cela pourrait avoir un lien avec la rugosité de la face supérieure de ses feuilles et avec son goût résineux. Pourtant, on observe fréquemment que des animaux

blessés ou malades absorbent de petites quantités de certaines plantes dont ils refusent d'ordinaire de se nourrir*. » Par exemple, des bergers de montagne ont constaté que des chamois viennent brouter de l'arnica lorsqu'ils sont malades.
* Kiehs-Glos Christina, *Arnica*, *op. cit.*, p. 12.

Une plante protégée

Arnica montana L., ainsi que les deux variétés *Arnica montana* var. *atlantica* (A. Bolòs) B. Bock et *Arnica montana* var. *montana* L., figurent sur les listes des plantes protégées dans les anciennes régions Centre et Aquitaine*.
* Information tirée des sites :
https://inpn.mnhn.fr/reglementation/protection/listeEspecesParArrete/654
et https://inpn.mnhn.fr/reglementation/protection/listeEspecesParArrete/688

Une grande médicinale

> « Voici la plante de la guérison rapide, de la décision énergique. S'il t'a été fait violence de l'extérieur – coups ou blessure coupante –, l'arnica est prête à te secourir. Les forces vitales affluent, le pouls se renforce, le cœur reprend courage ; ce qui s'est égaré en hémorragies, en hématomes, reprend le droit chemin. Muscles et tendons se tendent ; la forme lésée, abîmée, se régénère ; même le système nerveux, qui est si difficile à guérir. La révolte organique contre le dommage subi, ce que nous appelons la douleur, s'atténue, reflue. C'est vraiment dans un style "napoléonien" que le mal est attaqué, que la décision est prise[61]. »

L'arnica est d'abord connue en tant que plante médicinale. Et sa réputation n'est pas usurpée, il s'agit d'une plante médicinale majeure !

---

61. Pelikan Wilhelm, *L'Homme et les plantes médicinales*, *op. cit.*, p. 270. Dans cet extrait, l'auteur fait parler Goethe.

Petit historique

L'arnica était-elle déjà connue dans l'Antiquité romaine ? Paul Fournier (1853-1935) pense que non, et relève que la première mention de cette plante dans la littérature médicale date du XIIe siècle, avec Hildegarde de Bingen. Et pourtant, nous dit Christina Kiehs-Glos : « En 1940, des archéologues trouvèrent près de Cologne une pommade pour les yeux, qu'ils datèrent du temps des Romains. L'analyse des composants indiqua des éléments de l'arnica. La préparation de cette plante dans l'hémisphère Nord était manifestement déjà connue il y a 2 000 ans[62]. » Bien entendu, Fournier n'a pas pu en avoir connaissance, cette découverte ayant eu lieu après sa mort. Mais alors, si les Anciens dans l'Antiquité connaissaient l'arnica, pourquoi n'en a-t-on pas trouvé mention dans leurs écrits ? Est-ce une question de nom qui aurait changé ? Ou une question d'usage plus ou moins local, et pas forcément connu de ceux qui ont mis par écrit le savoir médical de l'époque ?

Au XVIe siècle, le médecin Matthiole, dans ses commentaires des écrits de Dioscoride, identifie l'alisma de Dioscoride comme étant notre arnica. Cependant il précise qu'il ignore les propriétés de la plante. Dioscoride, lui, donne divers usages de cet alisma : la racine est indiquée contre certains poisons, et, seule ou associée au même poids de graines de carotte, contre la dysenterie et les convulsions notamment. Il cite également une action de « l'herbe » sur le flux menstruel, et indique pour finir : « étant appliquée elle apaise toutes enflures et tumeurs ». Mais s'agit-il bien de l'arnica, comme le pense Matthiole ?

C'est au XVIIIe siècle que l'arnica entre vraiment dans la matière médicale officielle. Paul Fournier nous précise qu'« au XVIIIe siècle, les études et

62. Kiehs-Glos Christina, *Arnica*, *op. cit.*, p. 77.

monographies consacrées à ses propriétés se multiplient, surtout en Allemagne et en Autriche[63] ».

Toxicité

L'alisma, tel qu'il est représenté dans le livre de Matthiole.
La même illustration a été reprise dans le livre de Gaspard Bauhin, paru deux siècles plus tard.

L'arnica figure bien souvent dans les livres sur les plantes toxiques. Ce n'est pas une plante anodine ! La célèbre phrase de Paracelse est particulièrement vraie lorsqu'on parle de l'arnica : « Tout est poison, rien n'est poison : c'est la dose qui fait le poison », aurait dit ce médecin et philosophe du XVIe siècle.
Oui, on peut s'empoisonner avec l'arnica. Employée parfois comme plante abortive, elle a pu causer la mort de la mère en plus de celle de l'enfant. Paul Fournier fait une description peu engageante des conséquences possibles de l'ingestion d'arnica : nausées, vomissements, frissons, coliques, vertiges – voire tremblements, délire, hémorragie, paralysie des centres nerveux. Mal utilisée, par voie interne, l'arnica peut entraîner la mort. « C'est donc là un médicament qu'il faut manier avec une extrême prudence », conclut-il : nous en sommes bien d'accord !

Usages par voie externe

Compte tenu de sa possible toxicité par voie interne, l'arnica est de nos jours presque seulement utilisée par voie externe, du moins en médecine familiale. Et c'est vrai que c'est une plante qui a largement fait ses preuves !

63. Fournier Paul, *Plantes médicinales*, *op. cit.*, p. 132.

On lui reconnaît des propriétés antiphlogistiques et analgésiques, antibactériennes, antimycosiques, antirhumatismales et antiarthritiques, ainsi qu'une action cholagogue et diurétique.
C'est essentiellement pour son usage externe sur les traumatismes sans plaies que l'arnica est connue. On l'applique sur les contusions, hématomes, foulures, entorses, bosses, inflammations, traumatismes divers… sans plaie ! L'arnica est intéressante aussi en cas de blessures superficielles (sans écoulement de sang), ainsi que sur les furonculoses et piqûres d'insectes avec inflammation. Pour tout cela, c'est plutôt la teinture mère qui est utilisée, mais attention, il convient de la diluer : autrement, il pourrait y avoir des réactions de peau, parfois graves ; on ne le sait pas toujours. Certains auteurs recommandent de diluer la teinture avec au moins un volume d'eau, mais d'autres vont jusqu'à dix. On peut également préparer une infusion de fleurs, que l'on appliquera en compresse sur la zone à soigner (1 cuillérée à café de fleurs fraîches ou sèches par tasse d'eau bouillante ; bien filtrer ensuite).
La teinture mère ou l'infusion sont idéales dans ces situations en première intention ; cependant, si vous ne disposez pas de ces préparations, vous pouvez bien entendu utiliser de l'huile à l'arnica.
Toujours par voie externe, on utilisera plutôt de l'huile à l'arnica (ou un baume, ou encore une crème) en application locale sur des douleurs articulaires et musculaires, par exemple les douleurs rhumatismales. On l'emploie devant les durcissements de la musculature, ainsi que pour atténuer les courbatures et crampes des sportifs ; on parle d'action « décontracturante ». Cette huile est intéressante autant avant l'effort musculaire, pour soutenir l'échauffement, qu'après, pour aider à la récupération et limiter les courbatures. L'huile à l'arnica est également utilisée en massage : ce massage « dans les soins corporels favorise le réchauffement et l'irrigation sanguine surtout au cours des mois d'hiver[64] ».
Il existe une contre-indication à l'usage de l'arnica : les personnes

64. Kiehs-Glos Christina, *Arnica*, *op. cit.*, p. 82.

allergiques aux Astéracées ne pourront pas l'appliquer sur leur peau. Les Astéracées contiennent en effet des lactones sesquiterpéniques, notamment de l'hélénaline, responsables de cette allergie. Précisons quand même que les cas décrits dans la littérature concernent surtout des professionnels en contact fréquent avec la plante : cueilleur, pharmacien, chimiste travaillant sur l'arnica[65].

Constituants

Les capitules d'arnica contiennent des lactones sesquiterpéniques (notamment de l'hélénaline), des flavonoïdes, de l'huile essentielle et des coumarines.

Falsification

La demande en arnica augmente, et les populations sauvages de plantes diminuent, ce qui est propice aux falsifications. On peut rencontrer par exemple des capitules floraux d'« arnica mexicaine », autrement dit *Heterotheca inuloides* Cass., une autre plante de la famille des Astéracées. Pour les différencier d'*Arnica montana*, une observation fine au microscope est nécessaire ! Des fleurs de différentes espèces de *Doronicum* sont également parfois employées à la place de l'arnica, ou encore… du souci ! Là encore, une observation au microscope permet de différencier les deux plantes. Par exemple, les fleurs ligulées de souci ont 3 dents, tandis que celles de l'arnica en ont 5.

Signalons également, même s'il ne s'agit pas d'une falsification, qu'on emploie parfois une autre espèce d'*Arnica* : il s'agit d'*Arnica chamissonis* Less. Originaire d'Amérique du Nord, cette autre arnica est notamment utilisée en Allemagne, où elle est cultivée. La pharmacopée allemande lui reconnaît les mêmes usages qu'*Arnica montana*. Plus facile à cultiver, elle est également vendue comme plante ornementale.

---

65. Sell Yves, Bénezra Claude, Guérin Bernard, *Plantes et réactions cutanées*, John Libbey Eurotext, 2002, p. 33.

Usages par voie interne

On l'a dit, par voie interne, il convient d'être extrêmement prudent : tout est question de dose. Lorsqu'on lit les indications de l'arnica dans des ouvrages anciens, par exemple du XIXe siècle, on est frappé par leur diversité. Paul Fournier, en 1868, indique : « À la dose voulue et employé à propos, l'arnica se montre stimulant des systèmes nerveux, respiratoire, circulatoire et digestif, tonique, apéritif, diurétique, sudorifique, antispasmodique, fébrifuge [...], expectorant, émétique, purgatif, antidysentérique, antigoutteux, emménagogue[66]. » Il cite ensuite des exemples d'utilisation de l'arnica dans des cas d'asthme, de coqueluche, de dysenterie, contre les varices de femmes enceintes, dans diverses fièvres...

Dans son ouvrage *La Pharmacie du bon Dieu*, Fabrice Bardeau, après avoir rappelé la toxicité de l'arnica par voie interne à trop forte dose, indique : « À faible dose, en revanche, l'arnica demeure un excellent tonique pour restaurer les forces

66. Fournier Paul, *Plantes médicinales*, *op. cit.*, p. 133.

abattues et un bon stimulant du système nerveux dans les cas de paralysie, spécialement chez les vieillards[67]. »

Christina Kiehs-Glos propose des préparations précises pour l'usage interne. Tout d'abord, sous forme d'infusion de fleurs : « Pour l'usage interne, il vaut mieux enlever l'involucre et le réceptacle car tous deux, surtout dans les poils à glandes, contiennent plus de substances amères et résineuses. N'utiliser en aucun cas plus de 10 pincées de fleurs fraîches par litre d'eau, 5 pincées suffisent déjà. Les fleurs séchées étant moins actives, on peut donc en prendre jusqu'à 15. On conseille généralement 2 pincées pour une infusion à usage interne. Attention ! Il faut filtrer l'infusion aussi longtemps qu'il y subsiste encore le moindre plumet végétal qui pourrait irriter le gosier. Par "plumet", il faut entendre les soies qui forment le pappus, cet ensemble de sépales métamorphosés qui sert de petits parachutes aux fruits mûrs.

Si l'on prend toutes ces précautions, l'infusion d'arnica peut développer son action bienfaisante, que ce soit sous forme d'apéritif et de stimulant, comme diurétique, ou encore contre les inflammations et la fièvre. Une tasse d'infusion, dont on boit un tiers matin, midi et soir, suffit à guérir. Celui qui en boit davantage doit s'attendre à des nausées, des vomissements et des palpitations cardiaques[68]. »

Nous ne résistons pas au plaisir de glisser ici une anecdote, qui nous a été racontée par un herboriste. Un jour, il y a de cela des années, il s'est violemment cogné le front sur une porte trop basse. Bien étourdi, et avec des étoiles qui dansaient devant les yeux, il a pensé qu'en cas de choc le remède indiqué était l'arnica. Par chance, il avait des fleurs sèches d'arnica : il s'est donc préparé une infusion. Dans l'état un peu second où il était, il n'a cependant pas été très attentif au dosage et on peut penser qu'il a un peu forcé sur la quantité de plante… À la première gorgée, il a senti une violente action dans son estomac

67. Bardeau Fabrice, *La Pharmacie du bon Dieu*, Stock, 1973, p. 37.

68. Kiehs-Glos Christina, *Arnica*, *op. cit.*, p. 80.

qui l'a brusquement remis sur son axe, lui permettant de reprendre conscience rapidement. Une sensation qu'il n'est pas près d'oublier ! On retrouve bien l'action de style napoléonien décrite par Goethe. Mais, on ne le répétera peut-être jamais assez, attention quand même au dosage…

Quant à la teinture d'arnica, son dosage pour l'usage interne est encore plus délicat. Christina Kiehs-Glos nous rappelle que « 5 gouttes de teinture dans de l'eau prises toutes les 3 à 4 heures étaient un remède indispensable contre la douleur pendant les deux guerres mondiales[69] ». Elle ajoute : « Un dosage encore plus prudent, notamment 1 à 2 gouttes seulement dans un verre d'eau, favorise la guérison des catarrhes de l'estomac et des intestins. D'après Eckstein et Flamm, la teinture d'arnica a une action remarquable contre le typhus et la diarrhée, même lorsqu'ils passent à l'état chronique, ainsi que dans le traitement des ulcères de l'estomac[70]. »

Préparations maison

De même qu'avec le calendula, il est relativement simple de préparer soi-même de l'huile et de la teinture à l'arnica, ainsi que des onguents et crèmes à partir de l'huile. Il faut cependant d'abord trouver de l'arnica, c'est peut-être le plus compliqué ! Mais une fois votre cueillette faite, vous pouvez procéder de la même manière qu'avec le calendula, comme indiqué dans le cahier pratique p. 54.

69. *Ibid.*, p. 84.
70. *Ibid.*, p. 84.

Homéopathie

C'est surtout sous forme de remède homéopathique que l'arnica est connue : granules d'arnica 5 CH, 9 CH, 15 CH, ou autre… sont présents dans bien des pharmacies familiales !

L'arnica, en homéopathie, est d'abord le remède des traumatismes, qu'ils soient physiques ou psychiques. Par traumatismes physiques, on entend par exemple les chocs, chutes, accidents, plaies, bleus, contusions, entorses, mais aussi hémorragies, ainsi que les soins pré- et post-opératoires. On utilise aussi l'arnica dans les accouchements, où « il diminue les pertes de sang et les douleurs[71] », nous dit le Dr Binet.

Les traumatismes psychiques, comme les chocs émotionnels, chagrins, deuils, déceptions, peuvent aussi être soulagés par l'arnica.

L'action des granules d'arnica ne se limite pas aux traumatismes : on les emploie notamment aussi en cas de surmenage et de fatigue. Le Dr Binet indique que, « à haute dilution, [l'arnica] a une action remarquable sur l'épuisement nerveux, en particulier celui des intellectuels fatigués, avec insomnie. […] Indiqué également dans la fatigue physique et intellectuelle (courbature, meurtrissure généralisée, myalgies, surentraînement des sportifs, cœur forcé des sportifs, fatigue vocale des orateurs et des chanteurs, agoraphobie. États typhiques. Mauvais effets des traumatismes comme fièvre, épilepsie, choc physique et moral des accidentés, vertiges de fatigue et augmentés en marchant)[72] ».

Les fragilités vasculaires peuvent également être soulagées par l'arnica : varices, hémorroïdes, phlébites des veines superficielles.

Bien entendu, les indications données dans ce chapitre sur les vertus médicinales de l'arnica ne remplacent pas l'avis d'un thérapeute compétent,

71. Dr Binet Claude, *L'Homéopathie pratique*, *op. cit.*, p. 30.

72. *Ibid.*, p. 30.

qui pourra vous conseiller avec son savoir-faire et son expérience, en adaptant ses conseils à chaque personne. Nous ne sommes pas thérapeutes, et ne donnons ici que des indications générales, tirées de nos expériences et connaissances, et d'ouvrages que nous avons pu consulter.

Citation

Dans une nouvelle intitulée « Consolatrix », parue dans le recueil *Vive la vie !*, l'écrivain Alphonse Allais raconte un ancien chagrin d'amour*. Avec le temps, le chagrin passe, et on peut lire :
« Le temps mit bientôt sur mon cœur ulcéré l'arnica de l'oubli.
Un clou chasse l'autre, une femme aussi. »
* Allais Alphonse, *Vive la vie !*, Flammarion, p. 186, 1892.

La théorie des signatures - par Jean-François Astier, herboriste

Pulmonaire.

« La plante signe sa vertu », telle serait une définition courte de la théorie des signatures. Dans notre culture chrétienne, au Moyen Âge, on pensait que les plantes étaient conçues par le divin pour nous offrir leurs vertus, avec une clé pour les identifier : la ressemblance. Le bleuet possède sur la base de sa fleur des sépales qui ressemblent à s'y méprendre aux paupières. Il soigne les inflammations oculaires… La pulmonaire a des taches typiques sur ses feuilles qui ressemblent à la structure du poumon. D'ailleurs son nom vient de là : la pulmonaire soigne les voies respiratoires. Elle contient un antibiotique spécifique de cet organe découvert au XXe siècle.

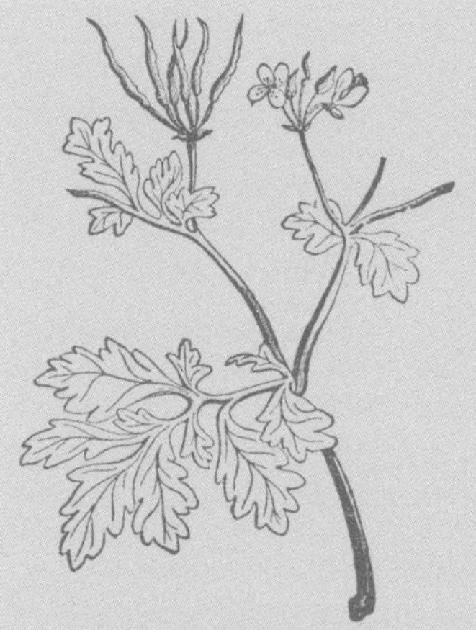

Chélidoine.

Pariétaire ou casse-pierre.

C'est Paracelse (1493-1541), un génie avant l'heure, qui a posé les bases de la chimie moderne. Mais il a fait davantage... Pour lui, médecin observateur de la nature et du vivant, peu enclin à puiser dans les livres des Anciens, la chimie ne se limite pas aux constituants. La forme sèche d'une plante n'est qu'un des quatre aspects de son approche, qui y voit aussi la cendre, l'essence et l'éther. Au cours de ses travaux, il reprend et développe cette théorie des signatures qui a fait couler beaucoup d'encre depuis.

Quelques exemples étonnants encore : la chélidoine possède des feuilles trilobées, tout comme le foie qui a 3 lobes lui aussi, or ses feuilles sont hépatostimulantes. Si vous cassez une tige de cette plante, il coule une sève jaune comme la bile. Mais dans sa racine, cette sève est rouge. Tout comme la chélidoine, le foie puise dans du rouge (le sang) pour fabriquer du jaune (la bile). Le pissenlit possède une racine capable de croître sur un chemin caillouteux. Cette plante est réputée utile contre les calculs biliaires. *Idem* pour la pariétaire, qu'on surnomme aussi le « casse-pierre ». La liste est longue...

Et l'arnica alors ? J'ai remarqué pour ma part une chose étonnante chez cette plante. J'ai rarement vu une fleur d'arnica en parfait état, aux pétales régulièrement disposés. Elle donne l'impression d'avoir pris un vilain choc, un peu comme un coup sur la tête... Étonnant, non ?

La force du loup

Dans la tradition germanique, l'arnica est associée au loup : cela apparaît à travers certains noms de la plante (voir « Les 1 001 noms de la plante »). Le loup, dans les contes, est souvent un animal qui fait peur, et qui pourrait causer la mort. Christina Kiehs-Glos l'explique ainsi : « Le loup incarne la force qui voudrait éteindre, anéantir la vie. La maladie aussi est ressentie comme une menace contre la vie, et une plante médicinale capable de détourner une telle menace doit bien évidemment porter en elle des forces sombres qui se mesurent au loup, qui puissent le soumettre, et même éventuellement être en mesure de le métamorphoser et de lui permettre, par là, de s'élever à une forme d'existence supérieure*. »

L'arnica est une plante qui peut également accompagner la fin de vie, redonner force, courage, persévérance : c'est ainsi que Goethe, dans ses dernières années, a bien souvent bu des infusions d'arnica. On sait par exemple que, le 24 février 1823, sa santé préoccupait ses proches et qu'il a confié à sa belle-fille : « Je sens que le moment est venu où commence en moi le combat entre la vie et la mort**. » Et le même soir, raconte encore Pelikan, « il but une tasse de décoction d'arnica qui, la veille, administré par Huschke au moment le plus dangereux, avait provoqué la crise salutaire*** ». C'est en 1832 qu'est décédé Goethe, donc neuf années plus tard, toujours accompagné de l'arnica.

* Kiehs-Glos Christina, *Arnica*, *op. cit.*, p. 63.

** Pelikan Wilhelm, *L'Homme et les plantes médicinales*, *op. cit.*, p. 268.

*** *Ibid.*, p. 269.

Autres usages

Tabac des Vosges, tabac des Savoyards, tabac sauvage, tabac suisse, tabac des montagnards… ces différents noms donnés à la plante sont éloquents ! En Angleterre, la plante a d'ailleurs été commercialisée sous le nom de *Mountain tobacco*. Précisons que le tabac en question est obtenu à partir des feuilles. Tabac à fumer, ou à priser ? Selon les sources, les deux usages sont cités dans la littérature. Cet usage est parfois présenté comme médicinal : on fumait les feuilles pour soigner toux et bronchites.

Parmi les usages un peu magiques de l'arnica se trouve la préparation de philtres d'amour. Voilà qui rejoint ce qu'écrivait au XIIe siècle Hildegarde de Bingen : « L'arnica est fort chaude et contient une chaleur vénéneuse. Lorsque quelqu'un, homme ou femme, brûle de désir amoureux, si une personne touche avec de l'arnica verte la peau de cet homme ou de cette femme, elle brûle alors d'amour pour celui qui a été touché ; puis, lorsque cette herbe se sera desséchée, l'homme ou la femme qui aura été touché sera envahi par l'amour dont il aura été brûlé, au point d'en devenir fou[73]. »

L'arnica est donc associée à des philtres d'amour dans nos contrées, mais pas seulement : de l'autre côté de l'océan Atlantique, avec les espèces d'arnica locales, certaines tribus amérindiennes préparaient elles aussi des mélanges destinés à des rituels pour attirer l'amour. Daniel E. Moerman cite notamment l'usage d'*Arnica cordifolia* Hook. et celui d'*Arnica latifolia* Bong. par le peuple Okanagan-Colville[74].

Christina Kiehs-Glos signale également que, « en Haute-Franconie et dans le massif du Rhön, on repoussait avec un grand succès les mauvais esprits avec de l'arnica cueillie le soir de la Saint-Jean[75] ».

On dit également que, donnée tous les jours pendant la grossesse, l'arnica ferait des bébés aux yeux bleus.

73. Bingen Hildegarde de, *Le Livre des subtilités des créatures divines*, *op. cit.*, p. 164-165.

74. Moerman Daniel E., *Native American Ethnobotany*, Timber Press, 1998, p. 92.

75. Kiehs-Glos Christina, *Arnica*, *op. cit.*, p. 69.

Les 1 001 noms de l'arnica

Comme le souci, l'arnica porte de très nombreux noms ! Signe manifeste de son compagnonnage, en de nombreux lieux, avec les humains. Le mot « arnica » vient probablement du mot grec *ptarmikê*, lié à l'idée d'éternuer. Une origine que l'on retrouverait dans le nom de « herbe à éternuer ». Jacques Daléchamps, dans son *Histoire générale des plantes* parue en 1615, présente l'arnica sous le nom de « ptarmica des montagnes », et indique : « Galien dit que les fleurs de la *Ptarmica* font éternuer, dont l'herbe a pris son nom[76]. »
Parmi les anciens noms botaniques qu'on a pu lui donner, on trouve : *Alisma alpinum*, *Caltha alpina*, *Calendula alpina*, *Chrysantemum latifolium*, *Doronicum montanum*, *Doronicum arnica*.
En français, l'arnica s'appelle aussi : arnique, souci des Alpes, tabac des Vosges, tabac des Savoyards, tabac sauvage, tabac suisse, tabac des montagnards (parce qu'on a utilisé ses feuilles comme du tabac), plantain des Vosges, plantain des Alpes, quinquina des pauvres, panacée des chutes, herbe aux chutes, bétoine des montagnes, bétoine des Vosges, pulmonaire de montagne, herbe à éternuer, herbe aux prêcheurs, nard de Lobel, doronic des Vosges, doronic d'Allemagne, herbe sainte.

---

76. Daléchamps Jacques, *Histoire générale des plantes*, traduction française par Jean des Moulins, tome 1er, chez les héritiers Guillaume Rouillé à Lyon, 1615, p. 69.

Eugène Rolland donne divers noms régionaux :

- *Broutounico* (f.), *bétouèno* (f.), *éstournicotouèro* (f.) dans l'Aveyron ;
- *Bëtuène* (f.) en Savoie ;
- *Brézégou* (m.) dans le Tarn ;
- *Ernikě* (m.) dans le Doubs ;
- *Erlica* (m.) dans la Meurthe ;
- *Arical* (m.) dans l'Orne ;
- *Rënica* (f.) dans le Valais ;
- *Tabaco de montagna, tabaco de pastor* dans les Pyrénées-Orientales ;
- *Tabacâria* (f.) en Haute-Garonne ;
- *Estournigo* (f.) en Provence ;
- *Flour dé rénar* (f.) en Corrèze ;
- *Herbe de Saint-Lucien* en Suisse ;
- Ainsi que d'autres !

Dessin de la ptarmica des montagnes dans le livre de Daléchamps (1615).

En allemand, l'arnica a également de nombreux noms. Certains sont liés au loup, comme *Bergwolferlei* (« louveteau des montagnes »), ou *Wolferlei* (« louveteau »). On trouve aussi les noms de *Lucianskraut* (« herbe de sainte Lucie »), *Cathreinkraut* (« herbe de sainte Catherine »), *Marienkraut* (« herbe de Marie »), ainsi que des noms liés aux anges : *Engelkraut* (« herbe des anges »), *Engelblume* (« fleur des anges »), *Sternenblume* (« fleur des étoiles »). La plante s'appelle encore *Arnick* ou *Arnica*. Christina Kiehs-Glos, dont le livre sur l'arnica est traduit de l'allemand, cite encore bien d'autres noms.

En anglais, on la nomme *Moutain tobacco* (« tabac des montagnes »), *Leopard's bane* (« fléau du léopard »), *Panacea*, ou encore… *arnica*.

En italien, on retrouve les noms d'*arnica* et *betonica di monte* (« bétoine des montagnes »).

Le faux arnica du Vercors

Dans le Vercors, on ne trouve pas d'arnica : cependant une autre plante, l'œil-de-bœuf ou *Buphthalmum salicifolium* L., est appelée « arnica » dans cette région. Plus étonnant, elle est utilisée de la même manière !
Dans un ouvrage publié par le parc naturel du Vercors, on peut lire : « La substitution du *Buphtalmum* (œil-de-bœuf), fréquente dans le Vercors, au véritable arnica est plus insolite. Cela s'explique par la vénération accordée à l'arnica dans les récits et ouvrages de médecine populaire et par la difficulté de son identification. Introuvable dans le Vercors, car il pousse en terrain granitique, l'arnica y est remplacé par une autre "marguerite" jaune, l'œil-de-bœuf qui pousse sur les bords des chemins. Le *Buphtalmum* est mis à macérer dans un flacon d'alcool, et on utilise alors cette teinture d'"arnica" contre les coups, les blessures, les entorses*. »
* CPIE Vercors, *Des hommes et des plantes*, *op. cit.*, p. 94.

Cultiver de l'arnica

Capitule et pieds d'arnica. Habituellement, on trouve 2 petites feuilles sur la tige (et non 3), et 1 fleur terminale (et non 2).

Plus d'une personne a essayé de cultiver l'arnica, sans y parvenir. Contrairement au calendula, elle n'est pas facile à mettre en culture ! Christina Kiehs-Glos indique que cela est dû au fait que l'arnica est particulièrement sensible au degré d'acidité du sol. Pas facile, donc, de trouver un emplacement qui lui correspondra bien. Pourtant, la culture d'arnica reste possible, puisque certains producteurs la pratiquent. C'est le cas notamment, dans les Vosges, d'Alain Grandemange. Voici les indications qu'il nous a données. Tout d'abord, il est important de choisir un substrat approprié : terre de jardin si on est sur terre acide, avec idéalement un peu de sable pour avoir un sol drainant et léger. Pour des semis en caissette ou en pot, recouvrir la graine de son épaisseur en terre de jardin ou avec de la sciure fine. Il faut environ trois semaines aux graines pour germer, ne soyez pas trop pressé ! Le semis doit être laissé dans un endroit assez frais, pas trop humide, pas en plein soleil non plus. Il faut également éviter qu'il ne sèche.

Si votre terre de jardin n'est pas acide, vous pouvez utiliser de la terre de bruyère. Au sujet de la culture d'arnica, Paul Fournier écrit qu'elle « exige un sol siliceux, léger et sain, de préférence la terre de bruyère, et une situation légèrement ombragée. On sème en mars-avril, pour repiquer en août-septembre, en lignes espacées de 30 centimètres[77] ».

La culture de l'arnica sera facilitée par l'altitude.

À gauche :
Akène d'arnica.
À droite :
Détail d'une soie
de l'aigrette,
qui surmonte le fruit.

On peut également essayer de favoriser la présence de l'arnica dans les milieux où elle est présente naturellement : en maintenant le milieu ouvert, en s'abstenant d'utiliser des engrais chimiques quels qu'ils soient, et en évitant la présence de moutons, dont les excréments sont alcalinisants. Pour Christina Kiehs-Glos, « l'établissement et le soin de colonies sauvages s'avèrent doublement indispensables. D'une part elles régénèrent les anciens paysages cultivés et permettent le maintien d'un microclimat sain, d'autre part nous retrouvons l'usage de la force curative originelle[78] ». En effet, il n'est pas certain que l'arnica cultivée ait la même puissance curative que les plantes sauvages. Il est donc particulièrement intéressant de faire en sorte, autant que faire se peut, d'entretenir les colonies sauvages en maintenant un milieu favorable à l'arnica.

77. Fournier Paul, *Plantes médicinales*, *op. cit.*, p. 137.

78. Kiehs-Glos Christina, *Arnica*, *op. cit.*, p. 74.

Lorsque pressé de mon devoir
Je veux t'offrir une Guirlande,
Ta beauté m'oste le pouvoir
D'accomplir ce qu'il me commande ;
Ce qui te l'a fait mériter
Empesche que tu ne l'obtiennes ;
Ton beau teint ne peut supporter
D'autres merveilles que les siennes ;
Par luy la Rose est sans couleurs,
Les œillets ont perdu la leur,
Les Tulipes sont effacées,
Les Lys n'ont plus de pureté ;
Et pour toi rien ne m'est resté
Que des Soucis et des Pensées.

« Les soucis et les pensées », Claude de Malleville (1597-1647)

Conclusion

À l'heure de conclure ce livre, nous voyons danser devant nos yeux des soleils jaunes et orangés, avec une idée de puissance, de pureté, de soin, d'abondance. C'est une image joyeuse, nous sommes bien loin des soucis !

Observation et cueillette d'arnica sont des prétextes à de bien belles promenades en montagne ! Quant au calendula, nous aimons le voir fleurir nos jardins et égayer nos plats. Sans oublier les vertus de ces deux belles pour notre santé.

Calendula et arnica, voilà deux grandes plantes médicinales, puissantes toutes les deux, mais différentes dans leurs effets. Pourquoi les avoir réunies dans un même livre ? Elles sont toutes deux des Astéracées et se ressemblent un peu, avec leurs capitules jaunes ou orangés. Et surtout, les préparations que l'on peut faire chez soi avec leurs fleurs sont semblables : teinture obtenue par macération dans l'alcool, ou huile de macération que l'on pourra ensuite décliner en onguent ou crème.

Encore une occasion de faire un pas vers davantage d'autonomie, de maîtrise de sa vie, en étant capable de fabriquer soi-même ces préparations médicinales et cosmétiques. Des produits efficaces, simples, et sans ingrédients ni emballages inutiles.

Deux plantes qui méritent d'être plus connues et plus utilisées nous semble-t-il. Nous vous souhaitons de belles découvertes avec ces deux fleurs d'or !

Arnica.

Souci des jardins.

Adresses utiles

De nombreux producteurs, un peu partout, proposent des crèmes et autres préparations artisanales à partir de calendula. Vous en trouverez forcément dans votre région !

Près de chez nous, voici par exemple trois adresses pour trouver des produits artisanaux, avec un label « Nature et Progrès » dans les trois cas :

L'Appel sauvage
Tania Company Fuster
Cloutel, Biellot – 09320 Massat
Tél. : 07 83 66 74 27 – Courriel : lappelsauvage@mailfence.com
Site Internet : www.lappelsauvage.fr
Baumes au calendula et autres, hydrolats, huiles essentielles, sels aux herbes et tisanes.

O des fleurs
Maud Andiveau
Les Arts d'en bas
09800 Uchentein
Tél. : 06 45 97 24 08 – Courriel : toutauneraison@laposte.net
Petite entreprise familiale avec culture et cueillette sauvage de diverses plantes, puis transformation en huiles de macération, baumes, condiments, soupes, hydrolats et huiles essentielles.

Sème
Candy Colomb
À Alzen, en Ariège (09)
Tél. : 06 50 60 21 58
Site Internet : www.semecosmetic.com

Fabrication artisanale de cosmétiques et maquillage naturels et biologiques, à partir de plantes cueillies dans la nature (dont l'arnica) ou cultivées (dont le calendula). Huiles aux plantes, baumes de soin, crèmes pour le visage, produits de maquillage (rouge à lèvre, ombre à paupière, poudre libre de teint).

Les produits artisanaux à base d'arnica sont un peu plus difficiles à trouver, mais en cherchant un peu, vous en trouverez aussi.
Voici l'adresse d'un site remarquable, dans les Vosges, où vous pourrez trouver diverses préparations artisanales à base de plantes cueillies ou cultivées sur place, entre autres l'arnica et le calendula :

Les jardins de Bernadette
Le Haut du Tôt
1, le Peupré
88120 Vagney
Tél. : 06 20 91 42 02
Site Internet : www.hautdutot-plantes.com
Contact : Alain Grandemange

Bibliographie

BERTRAND Annie-Jeanne, *L'Autonomie au quotidien. Cahier pratique*, Terran, 2012.

CAZIN François-Joseph, *Traité pratique et raisonné des plantes médicinales indigènes*, Jalons des savoirs, 1997.

CHAUVET Michel, *Encyclopédie des plantes alimentaires*, Belin, 2018.

COINTAT Michel, *Poèmes en fleurs*, Comédit, 1994.

DUCERF Gérard, *L'Encyclopédie des plantes bio-indicatrices, alimentaires et médicinales*, vol. 1 et 2, Promonature, 2007 et 2008.

ESCRIVA Christian, *Précis de phytothérapie. Extraits de gemmothérapie et teintures mères*, Promonature, 2008.

FOURNIER Paul, *Le Livre des plantes médicinales et vénéneuses de France*, tome III, Paul Lechevalier éd., 1948.

KAIBECK Julien, *Les Huiles végétales, c'est malin*, Leduc S., 2013.

KIEHS-GLOS Christina, *Arnica. Une plante médicinale pleine de force et de sensibilité*, Aethera, 2005.

KIEHS-GLOS Christina, *Calendula, eine Heilpflanze spiegelt das Licht*, Aethera, 2001.

LEPAGE Dominique, *Promenades mythologiques*, Dominique Lepage éd., 2006.

LIEUTAGHI Pierre, *Le Livre des bonnes herbes*, Actes Sud, 1996.

MOREL Jean-Michel, *Traité pratique de phytothérapie*, Grancher, 2008.

MOZZANI Éloïse, *Le Livre des superstitions*, Robert Laffont, 1995.

PAVARD Pascaline et MOUTSIE, *Cosmétiques, le geste écologique. 100 recettes bio et faciles*, Édisud, 2011.

PELIKAN Wilhelm, *L'Homme et les plantes médicinales*, tome 1, Triades, 1986.

PICKLES Sheila, *Le Langage des fleurs du temps jadis*, Solar, 1992.

PIERRE Michel, *Les Plantes du bien-être*, Éd. du Chêne, 2014.

ROLLAND Eugène, *Flore populaire*, tome VI, Maisonneuve et Larose, 1967.

THOROGOOD Chris, *Guide des fleurs sauvages de Méditerranée occidentale*, Delachaux et Niestlé, 2018.
VALNET Jean, *Phytothérapie. Traitement des maladies par les plantes*, Maloine/le Livre de poche pratique, 1996.
WICHTL Max et ANTON Robert, *Plantes thérapeutiques*, Tec & Doc Lavoisier, 2003.

Revues

Revue *Kaizen*, hors-série n° 3, tome 1 : *Comment devenir autonome*, mai 2014.

Sites Internet

Le blog de Christophe Bernard : www.altheaprovence.com

Remerciements

Jean-François, Ludovic et Aurélien Astier, Marie-Ève Bessou, Cindy Colomb, Véronique et François Grison, Alain Grandemange, Alain Guichard, Delphine Nolent, Christina Otto, Xavier Pigé, Boris Presseq, Anniejeanne Sauvage, Christine Souchet, Monique Vignon.

Natura Mundi, le Muséum d'histoire naturelle de Toulouse, la Société d'histoire naturelle du pays de Montbéliard, la Société botanique de France.

Les auteurs

Éliane Astier
Elle est passionnée par les usages des plantes sauvages, en particulier en cuisine. Elle a suivi la formation de l'École des plantes de Paris, et anime depuis plusieurs années des journées et sorties sur les thèmes de la cuisine des plantes sauvages et de la botanique.

Sous la supervision de Bernard Bertrand
Écrivain-paysan, il a repris et mis en pratique durant quarante ans, sur sa ferme des Pyrénées centrales, les techniques ancestrales d'autonomie. À travers ses écrits, ses stages et ses conférences, il partage ces savoir-faire traditionnels pour sauvegarder le patrimoine vivant menacé et le rendre accessible au plus grand nombre. Il a créé la collection « le Compagnon végétal » dédiée aux plantes.

La collection « Le Compagnon végétal »

1 : *Les Secrets de l'Ortie*
2 : *Sous la protection du Sureau*
3 : *Le Pissenlit, l'or du pré*
4 : *Le Frêne, l'arbre des centenaires*
5 : *Pour l'amour d'une Ronce*
6 : *Au pays des Sauges*
7 : *Le Coquelicot, poète des champs*
8 : *La Consoude, trésor du jardin*
9 : *Parfum de Menthe*
10 : *Éloge du Plantain*
11 : *Une pensée pour la Violette*
12 : *Au royaume secret du Lierre*
13 : *Divine Angélique*
14 : *La Bourrache, une étoile au jardin*
15 : *Mystérieuse Prêle*
16 : *De mémoire d'Églantine*
17 : *Ail des ours*
18 : *Le Bouleau, l'arbre à la peau d'argent*
19 : *Des Gentianes et des hommes*
20 : *Le Châtaignier, un arbre généreux*
21 : *Le Tilleul, l'arbre qui tisse des liens*
22 : *Merveilleux Joncs*

Crédits iconographiques

Adobe Stock : p. 4g, 74, 109, 110 (J_ka) ; 4d (jenesesimre) ; 42, 49, 56, 64 (chelovector) ; 57, 63, 67 (awispa) ; 38, 84 (m_e_l) ; 71 (airmel) ; 87 (Natalya Levish) ; 31, 89h (Oleksandr Babich) ; 123g (Irina Rogova) ; 123d (rook76).

Bernard Bertrand : p. 19, 20, 21, 23, 34d, 36, 54, 60, 69, 82b, 83d, 88, 96, 97d, 98, 111.

IStock : p. 46 (Ievgeniia Lytvynovych) ; 66 (logaryphmic) ; 72, 76, 80 (Alhontess) ; 115 (geraria).

Collection de Natura Mundi :

- p. 13, 27, 82h, 83hg, 83bg, 89b, 102, 114 : *Larousse agricole*, 1921.
- p. 16, 106 : Dr Jules Offner et J. Pons, *Les Plantes médicinales et aromatiques des Alpes françaises*, Louis Jean éditeur, 1931.
- p. 25 : G. Deysson, *Manuel d'herborisation*, Société d'édition d'enseignement supérieur, 1959.
- p. 33, 117 : J. Daléchamps, *Histoire générale des plantes*, trad. Jean des Moulins, t. 1 et 2, chez les Héritiers Guillaume Rouille à Lyon, 1615.
- p. 35 : R. Thévenin, *Les cent plantes que vous devez connaître*, Société parisienne d'édition, s. d.
- p. 40 : J. Costantin et F. Faideau, *Les Plantes*, Larousse, 1922.
- p. 45 : G. Bauhin, *Histoire des plantes de l'Europe*, t. 1 et 2, Duplain père et Fils, 1737 et 1762.
- p. 52g : P. Costantin et E. d'Hubert, *La Vie des plantes*, J.-B. Baillière et fils, s. d.
- p. 52d, 113b : Dr A. Héraud, *Dictionnaire des plantes médicinales*, J.-B. Baillière et fils, 1909.
- p. 79 : A. Mangin, *Les Plantes utiles*, Alfred Mame et fils éditeurs, 1896.
- p. 112, 113h : A. Ysabeau, *Plantes usuelles, utiles ou nuisibles à divers titres*, Paul Dupont éditeur, s. d.
- p. 121 : A. Kosch, *Quelle est cette plante médicinale ?*, Fernand Nathan, 1948.

Collection personnelle de Bernard Bertrand :

- p. 18, 97g : J. Le Breton, *À travers champs, botanique pour tous*, éd. J. Rothschild, 1878.
- p. 22 : E. Le Maout et J. Decaisne, *Traité général de botanique descriptive et analytique*, Librairie de Firmin Didot frères fils et Cie, 1868.
- p. 24, 119 : G. Camus, *Guide pratique de botanique rurale*, Jacques Lechevalier, 1884.
- p. 30g, 93 : O. Schmeil, *Lehrbuch des Botanik*, Quelle & Meyer, Leipzig, 1912.
- p. 30d, 118 : Dr A. Narodetzki, *La Médecine végétale illustrée*, s. d.
- p. 32, 116 : Y. Trouard Riolle, *Les Plantes médicinales*, Flammarion, 1942.
- p. 34g : H. Coupin, *Les Fleurs expliquées*, Vuibert et Nony éditeurs, 1906.
- p. 104 : Dr M. Reclu, *Guide de l'herboriste*, J.-B. Baillière et fils, 1925.
- p. 108 : Dr A. Héraud, *Dictionnaire des plantes médicinales*, J.-B. Baillière et fils, 1909.

Suivi éditorial : Coline Pons
Correction : Anne Desmier
Maquette : Sabine Facchin

Diffusion

France, Benelux : DG DIFFUSION – info@dgdiffusion.com
Suisse : TRANSAT SA / Distribution SERVIDIS SA
– transat@transatdiffusion.ch

Cet ouvrage a été achevé d'imprimer par Pulsio SA, Paris,
en août 2020. Imprimé en Union européenne (Bulgarie).